針葉樹材の識別

IAWA による光学顕微鏡的特徴リスト

編 集

IAWA（国際木材解剖学者連合）委員会
H. G. Richter, D. Grosser, I. Heinz & P. E. Gasson

日本語版監修

日本木材学会　組織と材質研究会
伊東隆夫・藤井智之
佐野雄三・安部　久・内海泰弘

海青社

IAWA List of Microscopic Features for Hardwood Identification

IAWA Committee

Pieter Baas — Leiden, The Netherlands
Nadezhda Blokhina — Vladivostok, Russia
Tomoyuki Fujii — Ibaraki, Japan
Peter Gasson — Kew, UK
Dietger Grosser — Munich, Germany
Immo Heinz — Munich, Germany
Jugo Ilic — South Clayton, Australia
Jiang Xiaomei — Beijing, China
Regis Miller — Madison, WI, USA
Lee Ann Newsom — University Park, PA, USA
Shuichi Noshiro — Ibaraki, Japan
Hans Georg Richter — Hamburg, Germany
Mitsuo Suzuki — Sendai, Japan
Teresa Terrazas — Montecillo, Mexico
Elisabeth Wheeler — Raleigh, NC, USA
Alex Wiedenhoeft — Madison, WI, USA

edited by

H. G. Richter, D. Grosser, I. Heinz & P. E. Gasson

© 2004. IAWA Journal 25 (1): 1-70
Published for the International Association of Wood Anatomists at the Rijksherbarium,
Leiden The Netherlands

Published for the International Association of Wood Anatomists at the
Nationaal Herbarium Nederland, Leiden, The Netherlands

FOREWORD

It is a great pleasure to see the IAWA list of microscopic features for softwood identification published in Japanese. Although around 14 % of the IAWA membership is Japanese and has received this publication in English in IAWA Journal, there are many more Japanese wood scientists who will find this translation more accessible. Japan has a long history of using timber, and has practitioners in all aspects of wood research including identification of modern, archaeological and fossil timbers from Japan and elsewhere. The IAWA list of microscopic features for hardwood identification has been adopted around the world because of its succinct and unambiguous definitions and photomicrographs of hardwood characters. Our aim was the same with the softwood list, which can be used for identification, descriptive and comparative wood anatomy, and also for teaching. This Japanese translation is being published only two years after the English version first appeared, whereas the hardwood list, first published in 1989 was published in Japanese in 1998. The speed of translation is a reflection of the translators' wish to bring this work to a wider audience, and we are grateful to them for making the work of this IAWA Committee accessible to many more wood scientists, foresters and botanists in Japan.

日本語版出版によせて

「針葉樹材の識別：IAWAによる光学顕微鏡的特徴リスト」が日本語で出版されることを大変喜ばしく思う。IAWAの会員のほぼ14％が日本人であり、IAWA Journalに掲載された英語版を受け取っているであろうが、この和訳本がより利用しやすいと感じる日本の木材科学者はずっと多くおられるであろう。日本は木材利用の長い歴史があり、日本ならびに世界各地からの現生木材、考古学的木質遺物そして化石木材の樹種同定を含むあらゆる木材研究に携わっている研究者がいる。「広葉樹材の識別：IAWAによる光学顕微鏡的特徴リスト」は広葉樹材の特徴についての定義と写真が簡潔かつ明白であるために世界中で採用されている。Softwood Listの目的も同じで、木材識別に役立つのみならず、比較木材解剖学や木材解剖学的記載、さらには教育のためにも役に立つであろう。1989年に初めて出版されたHardwood Listは1998年に日本語で出版されたが、針葉樹材の和訳本は英語で書かれた原本が初めて世に出て、わずか2年後に出版されようとしている。この翻訳の速さは翻訳者がこの仕事を幅広い読者層に広めようとする熱意の表れであり、IAWA委員会の仕事を日本の多くの木材科学者、森林科学者ならびに植物科学者に利用しやすいようにされたことに対し、私たち編者一同は翻訳者の方々に感謝申し上げる。

2006年6月

The Editors
H. G. Richter
D. Grosser
I. Heinz
P. E. Gasson

日本語版序文

　この「針葉樹材の識別：IAWA による光学顕微鏡的特徴リスト」は、H. G. Richter、D. Grosser、I. Heinz そして P. E. Gasson が編集し、IAWA Journal Vol. 25 No. 1 に掲載された IAWA List of Microscopic Features for Softwood Identification（IAWA Committee 2004）の日本語版です。原著序文に記述されているように、1989 年に刊行された Hardwood List（IAWA Committee 1989）が広く活用されているのに対して、針葉樹材の識別コードについてはその必要性が強くなかったために着手が遅れていた。ところが、原著編集者に名を連ねているドイツのグループによって針葉樹材のコンピューター識別に関する修士論文（Heinz 1997）がまとめられたのをきっかけとして、委員会が 1998 年に設置された。1999 年 8 月の会議で合意されたのは項目立てのみで、記載内容等についてはその後にインターネットを活用して審議された。e-mail の添付書類として配信されてきた原稿に対して、個々の委員が修正意見やその元となる文献等の資料を書き込んで提出し、それを受信した Dr. Jorgo (H. G.) Richter が編集委員会で集約するという作業であった。2003 年までの数カ月〜半年の間隔で数回にわたる議論の過程で、特徴コードが取捨選択され、取り上げられた特徴についての定義やコメント等の記述内容の修正、そして例示すべき樹種の選択が繰り返され、2004 年に刊行された。

　Hardwood List（IAWA Committee 1989）の日本語版として「広葉樹材の識別：IAWA による光学顕微鏡的特徴リスト」が海青社から出版されたのは 1998 年のことであり、原著の刊行から 10 年近くも遅れたが、この Softwood List の和訳作業は原著の刊行の翌年の 2005 年 4 月に開始した。Hardwood List の和訳作業とは異なり、今回は木材組織に精通している若手研究者に和訳作業を分担してもらい、それを基に監修作業を行った。この和訳の作業も、原著と同様に原稿を e-mail の添付書類として送受信して、修正意見等を集約することで進めた。2005 年の秋には基本的な和訳ができ上がり、その後に全体の文調や用語を統一するとともに、訳文の修正や訳注の加筆等の作業を行った。

　和訳にあたっては、読者が Softwood List の原文に立ち返って木材組織学を学習することを想定して、原文の構文や用語を尊重した。ただし、分かりやすい文章とするために、説明のための言葉を補ったり、意訳した箇所がある。また、所々に必要に応じて訳注を書き加えている。原著の表現では不十分と思われる記述に対しては読者の理解を助けるための訳注を、そして観察方法等についてはより適切な方法を提示している。中には、「イボ状層が S_3 層または三次壁上にある」の記述のような古い概念を修正するための訳注もある。

　Softwood List の図版に使われている光学顕微鏡写真は全て Dr. Dietger Grosser と Dr. Immo Heinz が撮影したものであるが、Dr. Pieter Baas を介して著作権の所在を明記することを条件に使用の承諾を得ることができた。「針葉樹材の識別」を先に出版した「広葉樹材の識別」と合わせて電子版で出版する予定であり、これらの顕微鏡写真は、自分で撮影する手間を省けることの利便性よりも、原著序文に記述されているように、曖昧さを可能な限り除外すべく多大の注意を払って撮影された顕微鏡写真そのものを使うことができるところに価値がある。

　「Softwood List 和訳」を教本として用いる針葉樹の木材組織に関する講義や識別実習等の際には、ここに収録された顕微鏡写真が活用されることを期待する。

2006 年 7 月

監修代表
伊 東 隆 夫
藤 井 智 之

日本語版謝辞

　写真図版については、IAWA 委員会の許諾を得て、「針葉樹材の識別：IAWA による光学顕微鏡的特徴リスト」(IAWA List of Microscopic Features for Softwood Identification, IAWA Committee 2004) に使用された電子ファイルから複製されたものを使用した。ここに、日本語版を出版するにあたり、原文の完成に尽力された IAWA 委員会委員の各位に敬意を表すると共に、和訳ならびに写真図版の使用の許諾を得るためにご尽力いただいた Dr. Pieter Baas にお礼申し上げる。また、これら多くの鮮明でかつ美しい写真を撮影された Dr. Dietger Grosser と Dr. Immo Heinz のお二人ならびに最終的な編集作業に尽力された Dr. Peter Gasson に厚く感謝申し上げる。
　日本語版の和訳にあたり、学名に関する表記について協力いただいた緒方 健博士（元 森林総合研究所）に謝意を表する。

　2006 年 7 月

監修代表
伊　東　隆　夫
藤　井　智　之

原著序文

　針葉樹材の解剖学的特徴リストの決定版は、長い間必要とされてきた。広葉樹材のリスト(Hardwood List (IAWA Committee 1989))は世界中で採用されるに到っているが、それは何よりも同リストが、広葉樹材の特徴に関して、識別に限定せず多くの目的に用いることができる簡潔で明瞭な図解入りの用語辞典を提供しているためである。本書は針葉樹材について、同じ目的を果たすことを意図している。針葉樹材の識別は数多くの微細な特徴の注意深い観察に依存するため、定義だけだと残る曖昧さをできるだけとり除いて精細な顕微鏡写真を提示することに多大な注意を払った。

　広葉樹材委員会(Hardwood Committee)とは異なり、針葉樹材委員会(Softwood Committee)では全委員が一堂に会することは一度もなかった。1999年8月にセントルイスで開催された第16回国際植物学会(XVI International Botanical Congress in St. Louis)に参加していたSoftwood Committeeの委員が、1日だけ集まって草稿を審議した。針葉樹材リストの編集は、電子メールで全委員と密接に連絡を取り合ったJorgo(H.G.)Richterによって進められた。2003年7月にオレゴン州のポートランド(Portland, Oregon)で開催されたIAWAの研究集会の際に、数名の委員が修正原稿を審議した。全ての写真はDietger Grosserと自身の修士論文(Heinz 1997)が委員会設立の発端となったImmo Heinzが撮影した。その後にPeter Gassonが本文と写真の照合と最終的な編集作業を行い、出版のためにLeidenに全体の成果を発送した。

　我々は、木材識別及び木材解剖学的記載学に携わる現在及び将来の全ての仲間に、この針葉樹材のリストが貴重な手引き書および参考書であるとわかってもらえることを希望する。

The IAWA Committee

PIETER BAAS
    Natiomal Herbarium Nederland, Universiteit Leiden branch, The Netherlands
    baas@nhn.leidenuniv.nl

NADEZHDA BLOKHINA
    Institute of Biology and Pedology, Far East branch, Russian Academy of Science, Vladivostok, Russia
    evolut@eastnet.febras.ru

TOMOYUKI FUJII
    Forestry & Forest Products Research Institute, Ibaraki, Japan
    tfujii@ffpri.affrc.go.jp

PETER E. GASSON
    Jodrell Laboratory, Royal Botanic Gardens, Kew, U.K.
    p.gasson@kew.org

DIETGER GROSSER
    Institut für Holzforschung der Universität München, Germany
    grosser@holz.forst.uni-muenchen.de

Immo Heinz
    Institut für Holzforschung der Universität München, Germany
    heinz@holz.forst.tu-muenchen.de

Jugo Ilic
    CSIRO Forestry & Forest Products, South Clayton, Australia
    jugo.ilic@ffp.csiro.au

Jiang Xiaomei
    Chinese Research Institute of Wood Industry (CRIWI), Chinese Academy of Forestry, Beijing, China
    xiaomei@wood.forestry.ac.cn

Regis B. Miller
    USDA Forest Service, Forest Products Laboratory, Madison, Wisconsin, U.S.A.
    rmiller1@wisc.edu

Lee Ann Newsom
    Department of Anthropology, Pennsylvania State University, U.S.A.
    lan12@psu.edu

Shuichi Noshiro
    Forestry & Forest Products Research Institute, Ibaraki, Japan
    noshiro@ffpri.affrc.go.jp

Hans Georg Richter
    Institut für Holzbiologie, Universität Hamburg, Germany
    hrichter@holz.uni-hamburg.de

Mitsuo Suzuki
    Botanic Garden, Graduate School of Science, Tohoku University, Sendai, Japan
    mitsuos@mail.cc.tohoku.ac.jp

Teresa Terrazas
    Colegio de Postgraduados, Programa de Botánica, Montecillo, Mexico
    winchi@colpos.colpos.mx

Elisabeth A. Wheeler
    Department of Wood & Paper Science, North Carolina State University, Raleigh, North Carolina, U.S.A.
    xylem@unity.ncsu.edu

Alex C. Wiedenhoeft
    USDA Forest Service, Forest Products Laboratory, Madison, Wisconsin, U.S.A.
    acwieden@wisc.edu

針葉樹材の識別

IAWA による光学顕微鏡的特徴リスト

目　　次

FOREWORD	i
日本語版出版によせて	i
日本語版序文	ii
日本語版謝辞	iii
原著序文	iv
解剖学的特徴リスト	xi

針葉樹材 ... 1

命名法 ... 1
概　説 ... 1
   地理的区分 ... 1

物理的特性 ... 3
   心材色 ... 3
   心材と辺材の色の相違 ... 4
   心材に色が付いた縞がある ... 4
   特徴的な匂いの存在 ... 4
   平均気乾密度/容積密度 ... 5
   平均気乾密度(区分) ... 6

解剖学的特徴 ... 6
成長輪 ... 6
   成長輪界の存在 ... 6
   早材から晩材への移行 ... 8

仮道管 ... 9
   放射壁の仮道管壁孔(早材のみ) ... 9
   放射壁における仮道管壁孔(2列以上)の配列(早材のみ) ... 9
   有機堆積物(心材仮道管の) ... 11
   平均仮道管長 ... 12
   平均仮道管長(寸法区分) ... 12
   木材全体の細胞間隙(木口切片における) ... 13
   晩材仮道管の壁厚 ... 14
   トールス(早材仮道管の壁孔に限る) ... 15
   トールス(存在する場合) ... 16
   伸展トールス ... 16
   切れ込みのある壁孔縁 ... 18
   イボ状層(光学顕微鏡で観察可能なもの) ... 18

らせん肥厚と他の細胞壁肥厚 ... 20
   仮道管のらせん肥厚 ... 20
   軸方向仮道管のらせん肥厚(存在) ... 22

らせん肥厚(軸方向仮道管の — 存在部位) 22
　　らせん肥厚(軸方向仮道管の — 単独か集合しているか) 22
　　らせん肥厚(軸方向仮道管の — 間隔、早材仮道管に限る) 22
　　放射仮道管のらせん肥厚 23
　　カリトリス型肥厚 24

軸方向柔組織
　　軸方向柔組織(細胞間道のエピセリウム細胞や副細胞は除く) 25
　　軸方向柔組織の配列 27
　　水平末端壁 29

放射組織の構成
　　放射仮道管 30
　　放射仮道管の細胞壁 33
　　放射仮道管の壁孔縁が角張っているか鋸歯状の肥厚がある(柾目切片) 35
　　放射柔細胞の末端壁 37
　　放射柔細胞の水平壁 38
　　インデンチャー 39

分野壁孔
　　分野壁孔 41
　　分野あたりの壁孔の数(早材仮道管に限る) 44
　　分野あたりの壁孔の数(早材に限る、区分) 44

放射組織の大きさ
　　放射組織の平均高さ 45
　　放射組織の平均高さ(細胞数) 47
　　紡錘形放射組織の平均高さ 47
　　放射組織の幅(細胞幅) 47

細胞間道
　　軸方向細胞間(樹脂)道 48
　　放射細胞間(樹脂)道 50
　　傷害細胞間(樹脂)道(軸方向、放射方向) 50
　　正常な軸方向細胞間道の平均直径 50
　　正常な放射細胞間道の平均直径 52
　　エピセリウム細胞(細胞間道の) 53

無機含有物
　　結晶 55
　　結晶のタイプ 55
　　結晶の存在場所 55

引用文献 57

用語および索引

木材解剖学用語英和対照一覧 62
樹種名索引 64
    学名索引 64
    和名索引 66
用語索引 68

解剖学的特徴リスト

針葉樹材 — p. 1

● 命名法 — p. 1

● 概　説 — p. 1

地理的区分 — p. 1
 1. ヨーロッパと温帯アジア(BrazierとFranklin　74区)
   2. 地中海地方を除くヨーロッパ
   3. アフリカ北部と中東を含む地中海地方
   4. 温帯アジア(中国、朝鮮半島、日本、ロシア)
 5. 中央南アジア(BrazierとFranklin　75区)
   6. インド、パキスタン、スリランカ
   7. ミャンマー(ビルマ)
 8. 東南アジアと太平洋地域(BrazierとFranklin　76区)
   9. インドシナ(タイ、ラオス、ベトナム、カンボジア)
  10. インドマレーシア(インドネシア、フィリピン、マレーシア、ブルネイ、シンガポール、パプアニューギニア、ソロモン諸島)
  11. 太平洋諸島(ニューカレドニア、サモア、ハワイ、フィジーを含む)
 12. オーストラリアとニュージーランド(BrazierとFranklin　77区)
  13. オーストラリア
  14. ニュージーランド
 15. 熱帯アフリカ本土と近隣諸島(BrazierとFranklin　78区)
  16. 熱帯アフリカ
  17. マダガスカル、モーリシャス、レユニオン、コモロ
 18. アフリカ南部(南回帰線以南)(BrazierとFranklin　79区)
 19. 北アメリカ(メキシコより北)(BrazierとFranklin　80区)
 20. 新熱帯区と温帯ブラジル(BrazierとFranklin　81区)
  21. メキシコと中央アメリカ
  22. カリブ海諸国
  23. 熱帯南アメリカ
  24. ブラジル南部
 25. 温帯南アメリカ(アルゼンチン、チリ、ウルグアイ、パラグアイ南部を含む)(BrazierとFranklin　82区)

● 物理的特性 — p. 3

心材色 — p. 3
 26. 褐色または褐色味を帯びている
 27. 赤色または赤味を帯びている
 28. 黄色または黄色味を帯びている
 29. 明るい色調である(灰白色、クリーム色、灰色)

30. 紫色または紫色味を帯びている
31. 上記以外の色である(明記する)

心材と辺材の色の相違 — p. 4
32. 心材色は辺材色と類似している
33. 心材色は辺材色と異なる

心材に色が付いた縞がある — p. 4
34. 心材に縞がある

特徴的な匂いの存在 — p. 4
35. 特徴的な匂いがある(明記する)

平均気乾密度/容積密度 — p. 5
36. 平均気乾密度/容積密度(g/cm^3)

平均気乾密度(区分) — p. 6
37. $0.48\,g/cm^3$ 未満
38. 0.48 から $0.60\,g/cm^3$ まで
39. $0.60\,g/cm^3$ より大きい

解剖学的特徴 — p. 6

● 成長輪 — p. 6

成長輪界の存在 — p. 6
40. 成長輪界が明瞭である
41. 成長輪界が不明瞭または欠如している

早材から晩材への移行 — p. 8
42. 急である
43. 緩やかである

● 仮道管 — p. 9

放射壁の仮道管壁孔(早材のみ) — p. 9
44. (大部分は)単列である
45. (大部分は)2 列以上である

放射壁における仮道管壁孔(2 列以上)の配列(早材のみ) — p. 9
46. 対列状
47. 交互状

有機堆積物(心材仮道管の) — p. 11
48. 存在する

平均仮道管長 — p. 12
　49. 平均仮道管長（μm）

平均仮道管長（寸法区分）— p. 12
　50. 短い（3000 μm 未満）
　51. 中位である（3000 から 5000 μm）
　52. 長い（5000 μm を超える）

木材全体の細胞間隙（木口切片における）— p. 13
　53. 存在する

晩材仮道管の壁厚 — p. 14
　54. 薄壁である（二重壁の厚さが放射内腔径よりも小さい）
　55. 厚壁である（二重壁の厚さが放射内腔径よりも大きい）

トールス（早材仮道管の壁孔に限る）— p. 15
　56. 存在する

トールス（存在する場合）— p. 16
　57. ホタテガイ状

伸展トールス — p. 16
　58. 存在する

切れ込みのある壁孔縁 — p. 18
　59. 存在する

イボ状層（光学顕微鏡で観察可能なもの）— p. 18
　60. 存在する

● らせん肥厚と他の細胞壁肥厚 — p. 20

仮道管のらせん肥厚 — p. 20

軸方向仮道管のらせん肥厚（存在）— p. 22
　61. 存在する

らせん肥厚（軸方向仮道管の — 存在部位）— p. 22
　62. 成長輪全体を通して存在する
　63. 早材部でのみよく発達する
　64. 晩材部でのみよく発達する

らせん肥厚（軸方向仮道管の — 単独か集合しているか）— p. 22
　65. 単独
　66. 集合（二本または三本）

らせん肥厚（軸方向仮道管の — 間隔、早材仮道管に限る） — p. 22
  67. 間隔が狭い（1 mm あたりの巻き数が 120 より多い）
  68. 間隔が広い（1 mm あたりの巻き数が 120 未満）

放射仮道管のらせん肥厚 — p. 23
  69. 普通に存在する
  70. （存在するが）稀

カリトリス型肥厚 — p. 24
  71. 存在する

● 軸方向柔組織 — p. 25

軸方向柔組織（細胞間道のエピセリウム細胞や副細胞は除く） — p. 25
  72. 存在する

軸方向柔組織の配列 — p. 27
  73. 散在状（成長輪全体にわたって均一に散在する）
  74. 接線方向の帯状
  75. 成長輪界状

水平末端壁 — p. 29
  76. 平滑
  77. 不規則に肥厚
  78. 数珠状

● 放射組織の構成 — p. 30

放射仮道管 — p. 30
  79. 普通に存在する
  80. 存在しないか極めて稀

放射仮道管の細胞壁 — p. 33
  81. 平滑
  82. 鋸歯状
  83. 網状

放射仮道管の壁孔縁が角張っているか鋸歯状の肥厚がある（柾目切片） — p. 35
  84. 存在する

放射柔細胞の末端壁 — p. 37
  85. 平滑（壁孔がない）
  86. 明瞭な壁孔をもつ（数珠状）

放射柔細胞の水平壁 — p. 38
  87. 平滑(壁孔がない)
  88. 明瞭な壁孔をもつ

インデンチャー — p. 39
  89. 存在する

● 分野壁孔 — p. 41

分野壁孔 — p. 41
  90. 窓状
  91. マツ型
  92. トウヒ型
  93. ヒノキ型
  94. スギ型
  95. ナンヨウスギ型

分野あたりの壁孔の数(早材仮道管に限る) — p. 44
  96. 分野あたりの壁孔の数(分野あたりの数)

分野あたりの壁孔の数(早材に限る、区分) — p. 44
  97. (大きな窓状)1〜2個
  98. 1〜3個 (1〜3)
  99. 3〜5個 (3〜5)
 100. 6個以上

● 放射組織の大きさ — p. 45

放射組織の平均高さ — p. 45
 101. 放射組織の平均高さ(μm)

放射組織の平均高さ(細胞数) — p. 47
 102. きわめて低い(4細胞以下) — p. 47
 103. 中庸(5〜15細胞)
 104. 高い(16〜30細胞)
 105. きわめて高い(30細胞を超える)

紡錘形放射組織の平均高さ — p. 47
 106. 紡錘形放射組織の平均高さ(μm)

放射組織の幅(細胞幅) — p. 47
 107. すべて単列
 108. 一部が2〜3列

● 細胞間道 — p. 48

軸方向細胞間(樹脂)道 — p. 48
109. 存在する

放射細胞間(樹脂)道 — p. 50
110. 存在する

傷害細胞間(樹脂)道(軸方向、放射方向) — p. 50
111. 存在する

正常な軸方向細胞間道の平均直径 — p. 50
112. エピセリウム細胞で区切られる接線径(方法A)(μm)
113. 樹脂道複合体全体の接線径(方法B)(μm)
114. エピセリウム細胞で区切られる放射径(方法C)(μm)

正常な放射細胞間道の平均直径 — p. 52
115. 正常な放射細胞間道の平均直径(μm)

エピセリウム細胞(細胞間道の) — p. 53
116. 厚壁
117. 薄壁

● 無機含有物 — p. 55

結 晶 — p. 55
118. 存在する

結晶のタイプ — p. 55
119. 菱形結晶
120. 集晶
121. その他の形状(明記する)

結晶の存在場所 — p. 55
122. 放射組織
123. 軸方向柔組織
124. 細胞間道に付随する細胞

針葉樹材（SOFTWOODS）

定義：
この『針葉樹材の識別』においては、針葉樹は Pinopsida マツ綱（Coniferales 球果綱）と Ginkgoopsida イチョウ綱の以下の科を含むものとする：Araucariaceae ナンヨウスギ科、Cephalotaxaceae イヌガヤ科、Cupressaceae ヒノキ科（Taxodiaceae スギ科を含む）、Ginkgoaceae イチョウ科、Phyllocladaceae、Pinaceae マツ科、Podocarpaceae マキ科、Sciadopityaceae コウヤマキ科、Taxaceae イチイ科（Farjon 2001）。

命名法（NOMENCLATURE）

標本には科、属、種、命名者といった分類学上の全情報を記録すること。一般的に受け入れられている学名や科の類縁関係については "The World Checklist of Conifers"（Welch と Haddow 1993）、"World Checklist and Bibliography of Conifers"（Farjon 2001）といった最近のチェックリストや "The Plant-Book"（Mabberley 1997）のような辞書、"Flora of North America"、"The Families and Genera of Vascular Plants"（Kubitzki 1990）といったモノグラフを参照されたい。命名者については Brummitt と Powell（1992）に掲載されている一般に用いられている省略形に従うこと。現生植物の学名とその異名について調べる際には Farjon（2001）や International Plant Names Index のウェブサイト（http://www.ipni.org/）や www.conifers.org 等のその他のウェブサイト、GRIN データベース（http://www.ars-grin.gov/npgs/tax/taxfam.html）等が利用できる。Royal Botanic Gardens Kew（キュー王立植物園）のウェブサイト（http://www.kew.org/data/index.html）には植物の名前の索引を調べるために有効な多くのサイトがリンクされている。データベースを作る場合には、分類単位の記載のコード化に用いた種および標本の数を記録すること。各標本の収集データ（木材標本庫名、採集者名及び採集番号、採取地の国名など）も記録すべきである。

本書で言及した植物名は Taxodiaceae スギ科を Cupressaceae ヒノキ科に含めるとする Farjon（2001）に従った。

針葉樹の多くの種が IUCN（国際自然保護連合：International Union for the Conservation of Nature）の絶滅危惧種に指定されている（Farjon 2001 も参照のこと）。

CITES（ワシントン条約：Conservation on International Trade in Endangered Species of Wild Fauna and Flora）や特定国での規制に関する情報も有用な情報として記載しても良い。CITES の一般的な規制と保護対象分類単位のリストは以下のウェブサイトで参照できる：
http://www.tropicalforestfoundation.org/cites.html#appendix1

木材の商業的価値もまた記録しておくべきであり、歴史的および現在の商業的重要性に言及すること。ただし「商業的価値」という用語は幾分曖昧であり、未知の試料の識別には用いるべきではない。木材加工製品、例えば家具等を識別するときには、商業的価値がある樹種とそうでない樹種を区別することが有用である。

概説（GENERAL INFORMATION）

地理的区分（GEOGRAPHICAL DISTRIBUTION）

1. ヨーロッパと温帯アジア（Brazier と Franklin　74 区）
    2. 地中海地方を除くヨーロッパ
    3. アフリカ北部と中東を含む地中海地方
    4. 温帯アジア（中国、朝鮮半島、日本、ロシア）
5. 中央南アジア（Brazier と Franklin　75 区）
    6. インド、パキスタン、スリランカ

7. ミャンマー（ビルマ）
8. 東南アジアと太平洋地域（Brazier と Franklin　76 区）
9. インドシナ（タイ、ラオス、ベトナム、カンボジア）
10. インドマレーシア（インドネシア、フィリピン、マレーシア、ブルネイ、シンガポール、パプアニューギニア、ソロモン諸島）
11. 太平洋諸島（ニューカレドニア、サモア、ハワイ、フィジーを含む）
12. オーストラリアとニュージーランド（Brazier と Franklin　77 区）
13. オーストラリア
14. ニュージーランド
15. 熱帯アフリカ本土と近隣諸島（Brazier と Franklin　78 区）
16. 熱帯アフリカ
17. マダガスカル、モーリシャス、レユニオン、コモロ
18. アフリカ南部（南回帰線以南）（Brazier と Franklin　79 区）
19. 北アメリカ（メキシコより北）（Brazier と Franklin　80 区）
20. 新熱帯区と温帯ブラジル（Brazier と Franklin　81 区）
21. メキシコと中央アメリカ
22. カリブ海諸国
23. 熱帯南アメリカ
24. ブラジル南部
25. 温帯南アメリカ（アルゼンチン、チリ、ウルグアイ、パラグアイ南部を含む）（Brazier と Franklin　82 区）

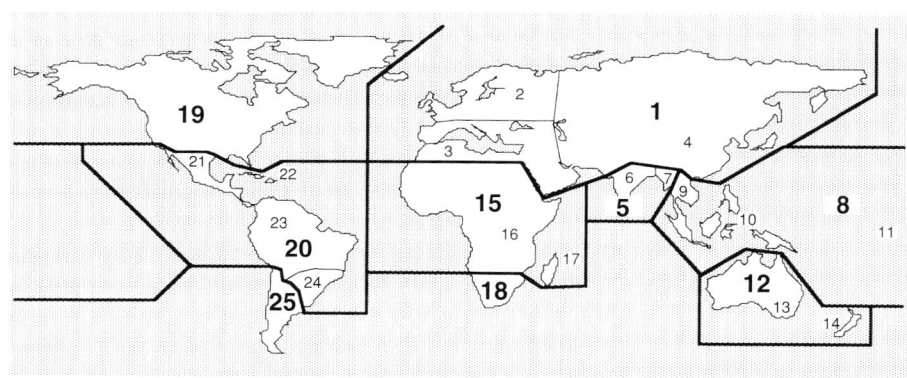

地理的区分（特徴 1-25）

コメント：
　世界を区分する唯一の理想的な方法というものは存在しない。上の区分は政治的および生物地理学的な基準を合わせたものである。Brazier と Franklin(1961)による主な地理的区分をそのまま用いているが、いくつかの区分はより細分化した。この区分は広葉樹材の識別リスト（IAWA Committee 1989、訳注：広葉樹材の識別：IAWA による光学顕微鏡的特徴リスト、海青社、1998）と同じものである。植物相「ブラジル南部」とは大まかには南緯 30°〜20°、西経 44°〜57°の範囲であり、アルゼンチン北部とパラグアイ西部を含む。

針葉樹材（SOFTWOODS）

物理的特性（PHYSICAL PROPERTIES）

心材色（HEARTWOOD COLOUR）

26. 褐色または褐色味を帯びている（Brown or shades of brown）
27. 赤色または赤味を帯びている（Red or shades of red）
28. 黄色または黄色味を帯びている（Yellow or shades of yellow）
29. 明るい色調である（灰白色、クリーム色、灰色）｛Light coloured（whitish, creamy, grey）｝
30. 紫色または紫色味を帯びている（Purple or shades of purple）
31. 上記以外の色である（明記する）｛Other than above（specify）｝

コメント：
　心材の色調や明度、およびその組み合わせは様々であり、それらすべてを類別することは不可能である。一般的に、針葉樹材の心材色は褐色、赤色、黄色、白色、あるいはこれらの色を基調とするか、これらの組み合わせである。基本的に白色または灰色と褐色の心材色がきわめて一般的である。赤色や黄色を持つ樹種は少なく、橙色を帯びた色（*Pseudotsuga* トガサワラ属）や暗褐色（*Cryptomeria japonica* スギ）（訳注：暗褐色の例示のスギは、黒心の材色を記述している可能性がある。）はかなり稀である。多くの分類単位で心材色は一色に限定されず、複数の色の組み合わせからなる。適当な場合には、これらの心材色を記録すべきであり、未知の試料の同定に用いてもよい。
　生材の心材色は乾燥材とは異なる；木材の色は脱水過程における低分子成分の重合や、その後の光（紫外線）や酸素の影響によって乾燥過程で変化する可能性がある。それゆえ、心材色は乾燥材の新たに切り出した縦断面を用いて決定するべきである。
　特徴的な色およびその組み合わせ例を以下に示す。濃褐色：*Taxus* spp. イチイ属（Taxaceae イチイ科）、赤褐色：*Sequoia sempervirens* セコイア（レッドウッド、センペルセコイア）、*Fitzroya cupressoides*（Cupressaceae ヒノキ科）、紫褐色：*Juniperus virginiana*、*Calocedrus decurrens*（Cupressaceae ヒノキ科）、黄色：*Xanthocyparis nootkatensis*（＝*Chamaecyparis nootkatensis*）ベイヒバ、*Thujopsis dolabrata* アスナロ（Cupressaceae ヒノキ科）、*Torreya* spp. カヤ属（Taxaceae イチイ科）、黄褐色：*Pinus* spp. マツ属、*Larix* spp. カラマツ属、*Pseudotsuga* spp. トガサワラ属（Pinaceae マツ科）、ただし *Larix* spp. カラマツ属と *Pseudotsuga* spp. トガサワラ属はしばしば橙色や赤味を帯びる。（訳注：*L. dahuria* はその材色で *L. gmelinii* グイマツや *L. kaempferi* カラマツと識別できる。*Pseudotsuga menziesii* ベイマツは産地によって心材色が異なる。）
　非常に淡い色の材は白色（ないし灰色）と褐色の組み合せ、白色（ないし灰色）と黄色の組み合せ、または白色（ないし灰色）と褐色と黄色の組み合せで記録してもよい。例：*Picea* spp. トウヒ属、*Abies* spp. モミ属、*Tsuga* spp. ツガ属（すべて Pinaceae マツ科）。

注意：
　通常、考古学的な試料の心材色、あるいはその他の土埋や時間の経過、処理、腐朽によって変色した試料の心材色は種の同定に役立たない。難破船から採取した木材、例えば、樽板、甲板材、天井板やその他の部材はしばしば金属との接触により変色し、桃色や紫色を帯びる。
　「明るい色調である」という特徴を用いる場合には特に注意を払うこと。というのは、白色系の試料は心材ではなく辺材の可能性があるからである。造林地で育った早生樹、特にマツ類（*Pinus* spp. マツ属）から得られた材は、心材が形成されないうちに、あるいは心材率がかなり低いうちに伐採されるため、全域が辺材かもしれない。
　水食い材は、*Abies* spp. モミ属、*Tsuga* spp. ツガ属、*Araucaria cunninghamii* にしばしば認められ、心材を暗色にしている可能性があり、これを着色心材と誤認しないこと。水食い材の詳細については Ward と Pong（1980）を参照のこと。
　圧縮あて材は、普通には偏心した幹（木口面）が典型的には広い成長輪を伴い、赤褐色を帯びてい

ることで視認される。圧縮あて材を着色心材として記録しないように注意すること。試料が圧縮あて材か否かを判別できない場合には顕微鏡観察を行う；圧縮あて材は、個々の仮道管の輪郭が円形で細胞間隙が頻繁にあらわれ、二次壁にらせん状裂け目（spiral groove）があるのが特徴である。圧縮あて材についての詳細は Timell（1986）を参照のこと。

心材と辺材の色の相違（DIFFERENCE BETWEEN HEARTWOOD AND SAPWOOD COLOUR）

32. 心材色は辺材色と類似している（Heartwood colour similar to sapwood colour）
33. 心材色は辺材色と異なる（Heartwood colour distinct from sapwood colour）

コメント：
多くの針葉樹の分類単位では、心材色は明るい色調の辺材色とは明らかに異なっており、例えば *Sequoia sempervirens* セコイア（レッドウッド、センペルセコイア）や *Fitzroya cupressoides*（Cupressaceae ヒノキ科）では暗赤褐色、*Juniperus* spp. ネズミサシ属（Cupressaceae ヒノキ科）では紫褐色、*Pinus* spp. マツ属（Pinaceae マツ科）では黄褐色、*Pseudotsuga menziesii* ベイマツ（Pinaceae マツ科）では黄色から橙色を帯びた褐色、*Taxus* spp. イチイ属（Taxaceae イチイ科）では濃褐色をそれぞれ呈する。一部の分類単位、例えば *Picea sitchensis* シトカスプルースでは、心材は辺材より僅かに明度が低いだけであるが、それでもなお心材は辺材から識別可能である（＝心材色は辺材色と異なる）。また他の分類単位、例えば *Abies* spp. モミ属、*Picea* spp. トウヒ属、*Tsuga* spp. ツガ属（Pinaceae マツ科）、*Xanthocyparis nootkatensis*（＝ *Chamaecyparis nootkatensis*）ベイヒバ（Cupressaceae ヒノキ科）では、心材と辺材を材色で識別することはできない（＝心材色は辺材色と類似している）。

心材に色が付いた縞がある（PRESENCE OF HEARTWOOD WITH COLOUR STREAKS）

34. 心材に縞がある（Heartwood with streaks）

「心材に縞がある」という特徴は一般的な心材色と組み合わせて使う。色の付いた縞模様は針葉樹材ではそれほど一般的ではない；赤褐色ないし橙褐色の縞模様は、例えば *Podocarpus totara*、*Dacrydium nausoriense*（Podocarpaceae マキ科）、*Araucaria angustifolia*（Araucariaceae ナンヨウスギ科）の特徴である。

注意：
Juniperus virginiana（Cupressaceae ヒノキ科）およびおそらくその他の *Juniperus* ネズミサシ属も必ずと言っていいほどいわゆる「内部辺材（included sapwood）」（McGuinnes ら 1969; Vogel 1994）、即ち心材内に着色した化合物が堆積していない領域が存在する。この現象を「心材に縞がある」と誤って解釈しないこと。

特徴的な匂いの存在（PRESENCE OF A DISTINCT ODOUR）

35. 特徴的な匂いがある（明記する） {（Odour distinct（Specify）}

特徴的な匂いは木材の識別に大変有効である。例えば *Pseudotsuga menziesii* ベイマツ、（Pinaceae マツ科）は見た目がよく似ている *Larix* spp. カラマツ属（Pinaceae マツ科）からその特徴的な（どちらかといえば不快な）匂いによって区別できる。*Xanthocyparis nootkatensis*（＝ *Chamaecyparis nootkatensis*）ベイヒバの匂いは、他の点では非常に類似した *Thujopsis dolabrata* アスナロの匂いとはっきりと異なる。その他の特徴的な匂いを持った針葉樹材には *Thuja* spp. ネズコ属、*Juniperus* spp.

針葉樹材 (SOFTWOODS)

ネズミサシ属、*Cupressus* イトスギ属と *Chamaecyparis* ヒノキ属の多くの種、*Thujopsis dolabrata* アスナロ、*Cryptomeria japonica* スギ、*Cunninghamia konishii*(Cupressaceae ヒノキ科)、*Torreya nucifera* カヤ(イチイ科)、そして *Cedrus* spp. ヒマラヤスギ属(Pinaceae マツ科)がある。芳香を有する針葉樹材についてのこの他の事例は Phillips(1948)や Panshin と De Zeeuw(1980)を調べること。

手順：
乾燥した木材試料の場合には、表面からは匂いのもととなる化学成分が揮発してしまっている可能性があるため、表面をヤスリで磨く、息を吹きかけて湿らせる、水で濡らして加温するなどの処理が必要である。

注意：
匂いは一定せず、嗅覚には時に個人差がある。そのためこの特徴を利用する際には注意が必要であり、明らかに確認できるときにのみ用いること。考古学の試料、特に難破船や湿地のような水分を多く含んだ環境から得た試料は、土埋または菌による腐朽およびその両者に由来する独特の匂いを生じる傾向があるため、その匂いを特徴として用いるべきではない。匂いがないことは識別的特徴にならない。

平均気乾密度/容積密度 (AVERAGE AIR-DRY DENSITY/ BASIC SPECIFIC GRAVITY)

36. 平均気乾密度/容積密度 (g/cm^3)

定義：
気乾密度(air-dry density)：大気と平衡状態の含水率(一般的に温帯では約12%、熱帯では約15%)のときの木材の質量をその体積で除した値(g/cm^3)。
容積密度(basic specific gravity)：完全に膨潤しているときの木材の体積(すなわち生材の体積)に相当する水の重量、に対する全乾重量の比(単位なし)。(訳注："basic specific gravity"に対する適切な日本語訳がないので、ここでは便宜的に「容積密度」と訳した。容積密度は単位生材体積あたりの全乾質量(g/cm^3)であり、"basic specific gravity"と数値は同一になる。)

コメント：
針葉樹材識別のためのデータベースを構築する際には、木材の材料としての特性を上記のどちらか一方の指標を用いて表現するとよいだろう。そのようなデータベースでは、導入部においてどちらの値を用いて記述を行ったかを明示すべきである。それぞれの容積密度に対応する含水率12～15%(ないし他の含水率)での気乾密度は Miller(1981)の換算表を用いて容積密度に変換できる。気乾密度から容積密度に変換する場合(およびその逆の場合)は以下の式も適用できる：
気乾密度＝−0.028＋1.260×容積密度　または
容積密度＝(気乾密度＋0.028)/1.260

注意：
木材の密度は幹の成熟材、未成熟材、枝材、そして根材の間で大きく異る可能性がある。公表されている木材の密度データは、特に明記されていない限り、普通には幹の成熟材に関してのものである。

平均気乾密度 {AVERAGE AIR-DRY DENSITY(g/cm³)}（区分）

37. 0.48 g/cm³ 未満（Less than 0.48 g/cm³）
38. 0.48 から 0.60 g/cm³ まで（0.48〜0.60 g/cm³）
39. 0.60 g/cm³ より大きい（Above 0.60 g/cm³）

　気乾密度が 0.48 g/cm³ 未満の例：*Metasequoia glyptostroboides* メタセコイア、*Sequoia sempervirens* セコイア（レッドウッド、センペルセコイア）、*Sequoiadendron giganteum*、*Thuja plicata* ベイスギ（Cupressaceae ヒノキ科）。
　気乾密度が 0.60 g/cm³ より大きい例：*Amentotaxus* 属、*Taxus* spp. イチイ属、*Torreya* spp. カヤ属（Taxaceae イチイ科）、*Cephalotaxus* イヌガヤ属（Cephalotaxaceae イヌガヤ科）、*Dacrydium* 属および広義の *Podocarpus* マキ属（Podocarpaceae マキ科）、*Pinus* マツ属 *Taeda* 節（Pinaceae マツ科）。
　ほとんどの針葉樹材の気乾密度は中間的な範囲に含まれる。

解剖学的特徴（ANATOMICAL FEATURES）

成長輪（GROWTH RINGS）

成長輪界の存在（PRESENCE OF GROWTH RING BOUNDARIES）

40. 成長輪界が明瞭である（Growth ring boundaries distinct）
41. 成長輪界が不明瞭または欠如している（Growth ring boundaries indistinct or absent）

　定義：
　成長輪界が明瞭：成長輪が相互間の境界で急激な構造的変化を伴い、普通には仮道管の壁厚および放射径の両方またはいずれか一方の変化を含む(Figs. 1、3、4)。肉眼では、このような構造的変化は早材(明色)と晩材(暗色)の色の明瞭な違いを伴っている。(訳注：年輪界は、晩材とその次の年輪の早材の間の境界であり、一年輪内での早晩材の移行ではない。)
　成長輪界が不明瞭または欠如：成長輪界は不明瞭で極めて緩やかな構造的変化を伴うか、もしくは成長輪界が認められない(Fig. 2)。

　コメント：
　温帯および亜寒帯に生育する針葉樹は普通明瞭な成長輪界を持つ。熱帯に生育する分類単位の成長輪界はしばしば不明瞭であったり存在しないが、亜熱帯や熱帯の高地に生育する種は多少なりとも明瞭な成長輪界を持つ場合がある(Schweingruber 1990)。例えば、*Dacrydium* 属と *Podocarpus* マキ属(Podocarpaceae マキ科)。加えて、熱帯の造林地で生育したマツ類、例えば *Pinus caribaea*、*P. merkusii* メルクシマツ(Pinaceae マツ科)の若齢木では普通は、肉眼でも顕微鏡を用いても成長輪界の識別は困難である。

　注意：
　多少なりとも明瞭な成長輪界が(異常気象や傷害が原因となって)非周期的で散発的に生じている場合はいわゆる「偽」成長輪である。これらの偽成長輪は多くの場合接線方向に不連続であり、「明瞭な」成長輪と解釈すべきではない。

解剖学的特徴 (ANATOMICAL FEATURES)

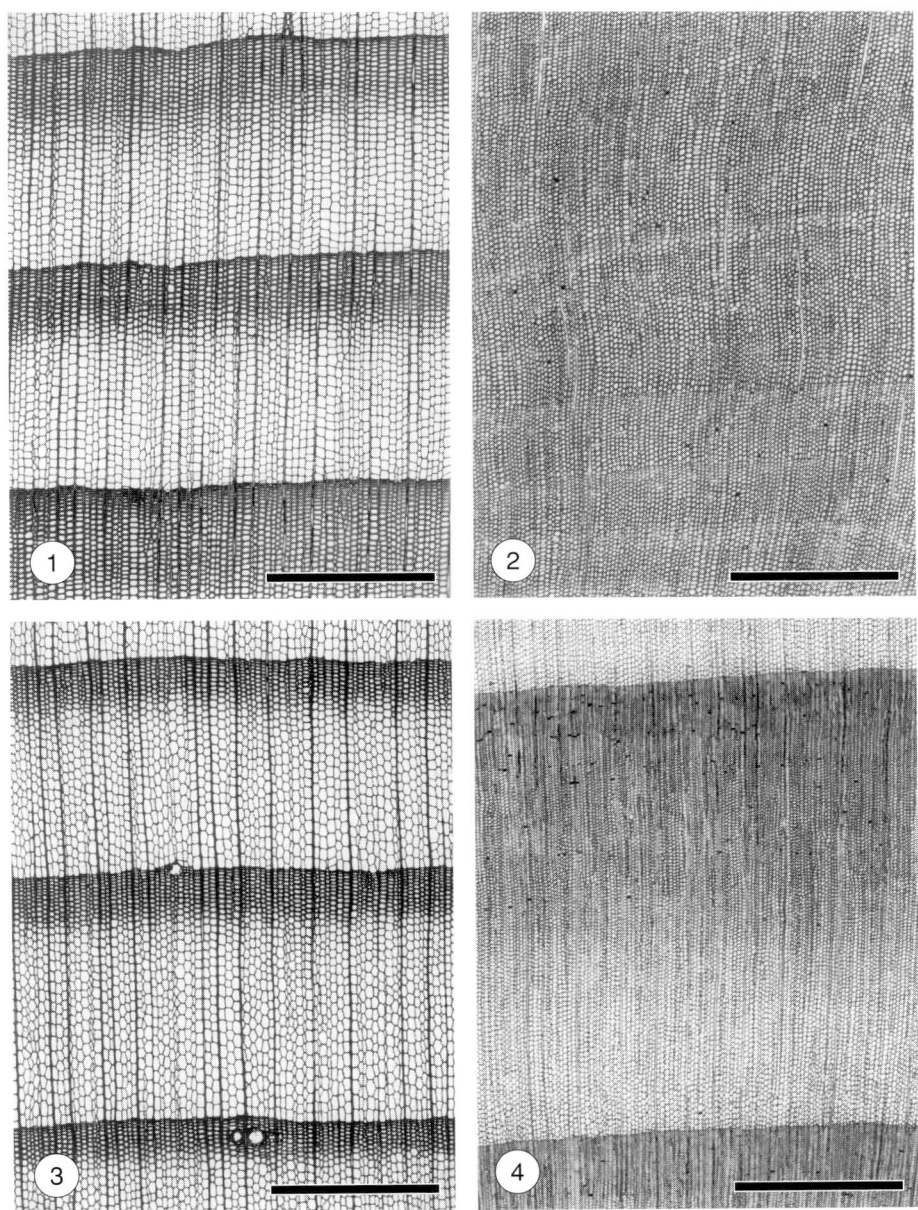

Figs. 1～4. 成長輪界(特徴40～43)、木口切片。—1：成長輪界が明瞭(特徴40)。*Abies alba*。—2：成長輪界が不明瞭または欠如(特徴41)。*Austrotaxus spicata*。—1と3：早材から晩材への移行は急(特徴42)。*Larix decidua*。—4：早材から晩材への移行は緩やか(特徴43)。*Cryptomeria japonica* スギ。(訳注：これは典型的なスギの切片ではない)スケールバーは、1～4＝1 mm。

早材から晩材への移行（TRANSITION FROM EARLYWOOD TO LATEWOOD）

42. 急である（Abrupt）
43. 緩やかである（Gradual）

定義：
　同一成長輪内での早材から晩材への移行は、通常、仮道管の壁厚と放射径といった構造上の変化により特徴づけられる。早材仮道管は薄壁で広い内腔を持つのに対して晩材仮道管は厚壁で放射径がより小径である。その移行は緩やかな場合と急な場合がある。

コメント：
　（同一成長輪内における）急な移行は *Larix* spp. カラマツ属（Fig. 3）や硬松類（hard pines）{*Pinus* spp. マツ属 *Taeda* 節（訳注：*Sylvestris* 節も同様）の種}、*Pseudotsuga* spp. トガサワラ属（Core ら 1979）、*Keteleeria davidiana*（以上すべて Pinaceae マツ科）の特徴である。緩やかな移行は明瞭な成長輪界を持つ他のほとんどの針葉樹材の特徴である（Fig. 4）。

　訳注：*Pinus* マツ属は複維管束亜属（Subgenus *Diploxylon*）と単維管束亜属（Subgenus *Haploxylon*）とに分類され、アカマツ等の前者はその材が比較的重硬なため「硬松類（hard pines）」、ヒメコマツ等の後者は比較的軽軟なため「軟松類（soft pines）」と呼ばれている。

注意：
　同じ標本内で緩やかな移行と急な移行が認められる場合があるため、本特徴は樹種識別には限られた場合にしか利用できない。例えば *Picea* トウヒ属はふつう緩やかな移行を示すが、時には気候の変化や間伐などにより特殊な生育環境におかれると急激な移行を示すことがある（Krause と Eckstein 1992）。一方、*Larix* カラマツ属や *Pseudotsuga* トガサワラ属では正常な場合には急な移行を示すが、特に成長の早い個体における広い成長輪では緩やかな移行となることもある。移行はまた圧縮あて材や偽成長輪、冠水によって生じた木材構造の影響を受けることもある。本特徴により分類単位をコード化する場合は圧縮あて材を含まない成熟材のみを用い、数層の成長輪の観察に基づき、主な状態をコード化すべきである。

　ゆっくりした肥大成長によって生じた著しく狭い成長輪では、通常、早晩材の移行の緩急を明確に区別することは困難である。このように困難なものは老齢林分に生育する *Sequoia sempervirens* セコイア（レッドウッド、センペルセコイア）や *Thuja plicata* ベイスギ（Cupressaceae ヒノキ科）、*Tsuga heterophylla* ベイツガ（Pinaceae マツ科）、*Pseudotsuga menziesii* ベイマツ（Pinaceae マツ科）で特に顕著である。

　訳注：早晩材の移行の緩急を決める大きな要因は定義に記述されているように仮道管の壁厚と放射径であるが、特徴のコード化にはこれらの 2 要因は考慮されていない。ちなみに、日本産針葉樹材の早晩材の移行は一般的に下記の 4 段階に区分されてきている。このうち、特徴 42 にコード化されるのは「極めて急」のグループだけである。（参考文献：久保隆文　木材学会誌 29, 635-640, 1983）

　極めて緩：イチョウ、*Podocarpus* spp. マキ属
　緩：ヒノキ、ネズコ、ヒバ、カヤ、イチイ
　急：スギ、*Tsuga* spp. ツガ属
　極めて急：カラマツ、アカマツ

仮道管（TRACHEIDS）

放射壁の仮道管壁孔（早材のみ）{(TRACHEID PITTING IN RADIAL WALLS(IN EARLYWOOD ONLY)}

44. （大部分は）単列である {(predominantly)Uniseriate}
45. （大部分は）2列以上である {(predominantly)Two or more seriate}

コメント：
　放射壁での壁孔の配列数により分類単位をコード化する場合、特に「単列」の場合には仮道管の長さ方向の全体を考慮することが重要である。木材標本のコード化や識別の際、ときどき局所的に2列になって出現する壁孔を「2列以上である」と判断しないこと。
　仮道管放射壁における単列の壁孔は針葉樹材において最も一般的である（Fig. 5）。*Larix* spp. カラマツ属（Pinaceae マツ科）の早材仮道管の壁孔はしばしば2列である。典型的な3列以上の配列（Figs. 6～8）は *Sequoia sempervirens* セコイア（レッドウッド、センペルセコイア）、*Taiwania cryptomerioides* タイワンスギ、*Taxodium* spp. ヌマスギ属（Cupressaceae ヒノキ科）（Core ら 1979）そして Araucariaceae ナンヨウスギ科で見られる。

放射壁における仮道管壁孔（2列以上）の配列（早材のみ）{ARRANGEMENT OF(TWO OR MORE SERIATE)TRACHEID PITTING IN RADIAL WALLS(EARLYWOOD ONLY)}

46. 対列状（Opposite）
47. 交互状（Alternate）

コメント：
　交互壁孔は Araucariaceae ナンヨウスギ科に属する種 {例えば *Agathis* アガチス属、*Araucaria* ナンヨウスギ属（Phillips 1948、Figs. 7 と 8）、*Wollemia* 属（Heady ら 2002）} でのみ常に認められる。
　Pinaceae マツ科の中では、*Cedrus* spp. ヒマラヤスギ属と *Keteleeria* spp. で壁孔が密集している場合に交互状に配列する傾向がときどき認められる。これらの種は壁孔の輪郭が円形であることと大径であることによって Araucariaceae ナンヨウスギ科から区別できる（Phillips 1948）。
　多列の仮道管壁孔を持つ他のすべての分類単位では壁孔は普通対列状に配列する。例：*Larix* spp. カラマツ属（Pinaceae マツ科）、Cupressaceae ヒノキ科のいくつかの分類単位 {例えば *Sequoia sempervirens* セコイア（レッドウッド、センペルセコイア）、*Taiwania cryptomerioides* タイワンスギ、*Taxodium* ヌマスギ属（Fig. 6)}。

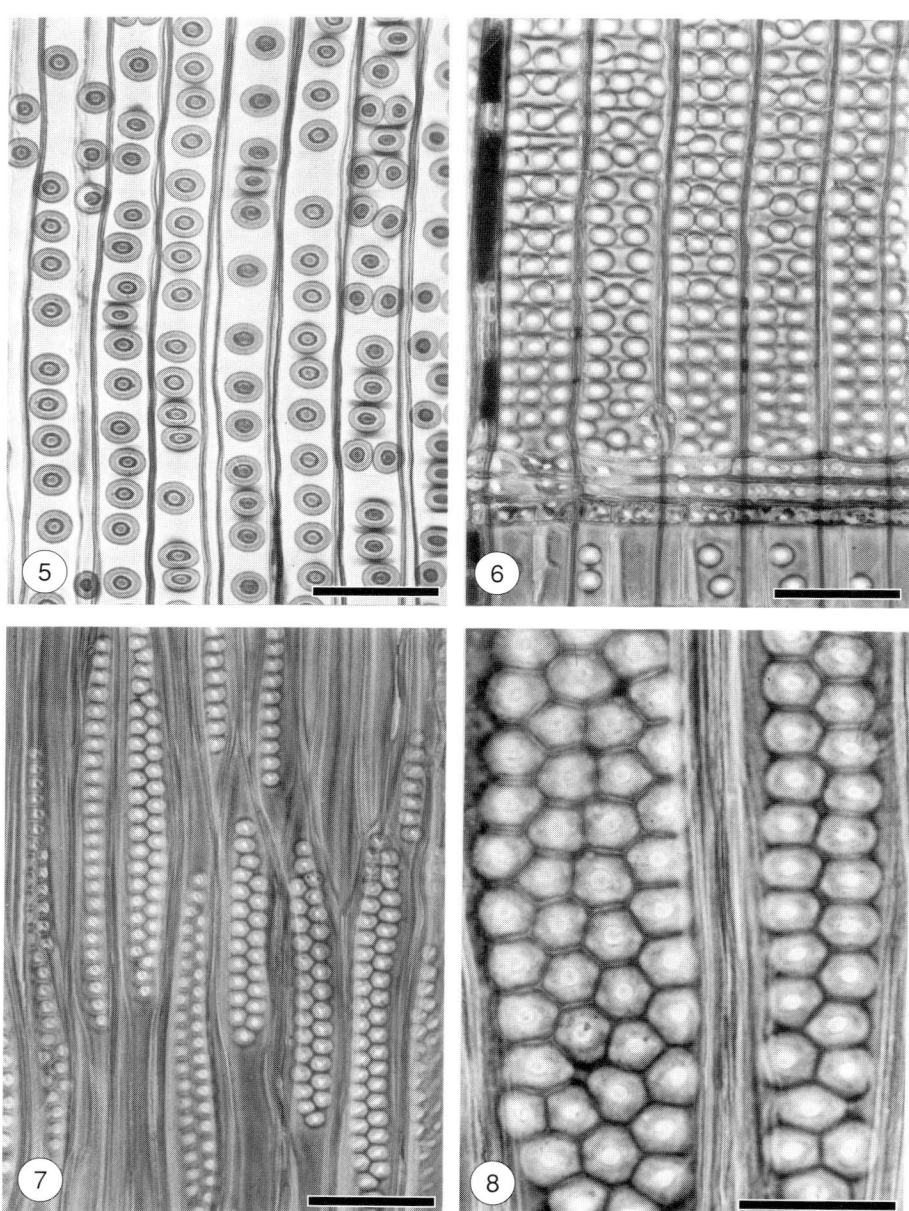

Figs. 5〜8. 放射壁の仮道管壁孔(特徴44〜47)、柾目切片。—**5**：仮道管壁孔はほとんど単列(特徴44)。*Pinus sylvestris* ヨーロッパアカマツ。—**6**：仮道管壁孔は2または3列(特徴45)で対列状に配列(特徴46)。*Taxodium distichum* ヌマスギ。—**7**と**8**：仮道管壁孔は2列以上(特徴45)で交互状に配列(特徴47)。*Araucaria angustifolia*。スケールバーは、5〜7＝100 μm、8＝50 μm。

解剖学的特徴（ANATOMICAL FEATURES）

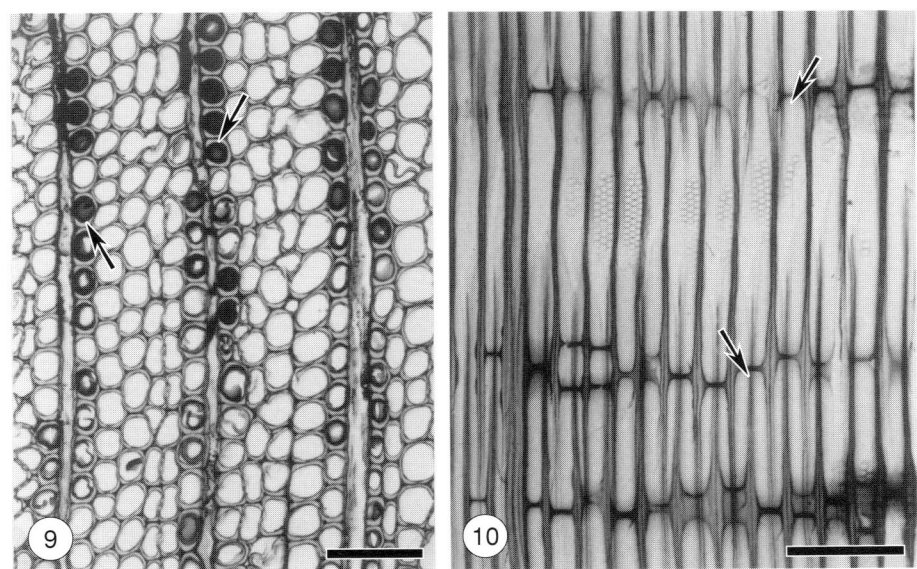

Figs. 9 と 10. 心材仮道管の有機堆積物（樹脂の栓、特徴 48）。— 9：*Agathis labillardieri*、木口切片、矢印。— 10：*Agathis labillardieri*、柾目切片、矢印。スケールバーは、9 と 10 ＝ 200 μm。

有機堆積物（心材仮道管の）{ORGANIC DEPOSITS (IN HEARTWOOD TRACHEIDS)}

48. 存在する（Present）

コメント：
　心材仮道管の有機堆積物は、「樹脂の栓（resin plugs）」、「樹脂の糸巻き（resin spools）」、「樹脂の板（resin plates）」など様々に呼ばれており、軸方向切片で最もよく観察できる。
　仮道管内腔の「樹脂の栓」は少数の分類単位にしか常に見られないため、それなりに識別的価値がある（Figs. 9 と 10）。「樹脂の栓」は *Agathis* アガチス属と *Araucaria* ナンヨウスギ属（Araucariaceae ナンヨウスギ科）でその存在が報告されており、一般に *Araucaria* ナンヨウスギ属より *Agathis* アガチス属に多く認められ、しばしば放射組織の近傍に存在する。柔組織における有機堆積物は *Callitris glauca* や *Calocedrus* spp., *Cupressus* spp. イトスギ属、*Fitzroya cupressoides*、*Juniperus procera*、*J. virginiana*、*Thuja plicata* ベイスギ、*T. standishii* ネズコ、*Widdringtonia* spp.（Cupressaceae ヒノキ科）；*Dacrydium elatum*、*Podocarpus totara*、*Prumnopitys ferruginea*（＝*Podocarpus ferrugineus*）、*Saxegothaea conspicua*（Podocarpaceae マキ科）で記録されている（Barefoot と Hankins 1982）。*Torreya grandis* var. *yunnanensis* と *Picea sitchensis* シトカスプルースにおける有機堆積物の詳細はそれぞれ Kondo ら（1996）と Kukachka（1960）を参照のこと。

注意：
　仮道管内の非常に薄い樹脂の板は広葉樹材の木部繊維の隔壁のように見えることがある。しかし、偏光下で複屈折性が無いことによりその板が樹脂質であることが確認できる。
　考古学的試料の木材では、本来木材が全く含んでいないはずの顔料、樹脂、タール、染料、泥炭、糊、油、酸化鉄といった残渣や化合物が細胞の構造にしばしば含浸していることがあるので、注意しなければならない。
　有機堆積物の中には *Tsuga* ツガ属（Pinaceae マツ科）に見られる「フロコソイド（floccosoids）」の

平均仮道管長（AVERAGE TRACHEID LENGTH）

49. 平均仮道管長（µm）｛Average tracheid length（µm）｝

手順：
　幹の成熟材からの解繊試料を用いて、少なくとも 25 本の仮道管長を測定して範囲と平均、標準偏差を求める。材質研究における仮道管長の重要性のため、測定用に細胞を無作為に選定するのを確実にするための様々な手法が開発されてきた（例えば Dodd 1986、Hart と Swindel 1967）。仮道管長は顕微鏡切片からも測定することができる（Ladell 1959、Wilkins と Bamber 1983）が解繊試料を用いた場合に比べて精度が低い。仮道管長の平均と範囲（例えば 1800〜**3100**〜4500 µm というように）、標準偏差、測定数 "n" をそれぞれ記載することを推奨する（IAWA Committee 1989）。

　訳注：歴史的に解繊処理には多様な方法・薬剤が使われてきているが、安全性、環境負荷、簡便性、効率性を考慮して次の方法を推薦する。密閉瓶（10 ml 程度）に新鮮な過酸化水素水/酢酸の混合液（1〜2：1）を数 ml 入れ（もしくは瓶内で混合し）、試料の微細木片（1×1×数 mm 程度）を加え、60〜90 ℃ の恒温器中に数時間〜一昼夜静置する。木片の色が白色になるまで混合液を入れ替えて処理する。水を置換して充分に洗浄し、最後にスライドグラス上で解繊する。水洗後に染色することもできる。

コメント：
　仮道管長は形成層齢（未成熟材と成熟材）によって異なり、幹材、枝材そして根材の間で異なる。そのため仮道管長のデータには木材の部位および試料採取方法に関する情報を付記すべきである。繊維長および仮道管長の変動の一般的な傾向については、例えば測定手法に関しては Fujita ら（1987）の報告や、*Picea* トウヒ属での傾向に関する Sudo（1968）および Dinwoodie（1961）を参考にするとよい。

平均仮道管長（寸法区分）｛AVERAGE TRACHEID LENGTH（SIZE CLASSES）｝

50. 短い（3000 µm 未満）｛Short（less than 3000 µm）｝
51. 中位である（3000 から 5000 µm）｛Medium（3000 to 5000 µm）｝
52. 長い（5000 µm を超える）｛Long（over 5000 µm）｝

　前出の記載で記録した長さ区分を活用し、「短い」、「中位である」、「長い」といった多肢選択キーを利用するため、仮道管長の寸法区分という補足的な特徴が用いられてきている。仮道管長に対しては次の区分が提案されている（Wagenführ 1989）。
　1）短い（3000 µm 未満）：例：*Taxus baccata*（Taxaceae イチイ科）、1550〜**1950**〜2250 µm。
　2）中位である（3000 から 5000 µm）：例：*Larix decidua*（Pinaceae マツ科）、2300〜**3400**〜4300 µm。
　3）長い（5000 µm を超える）：例：*Araucaria angustifolia*（Araucariaceae ナンヨウスギ科）、5600〜**7200**〜9000 µm。
　しかしながら、多くの針葉樹材の仮道管長は、上記の寸法区分では（重複して）少なくとも 2 つに収まるであろう。例えば *Picea abies* ドイツトウヒ（Pinaceae マツ科）、1300〜**2800**〜4300 µm；*Pseudotsuga menziesii* ベイマツ（Pinaceae マツ科）、2500〜**4500**〜5600 µm。

解剖学的特徴（ANATOMICAL FEATURES）

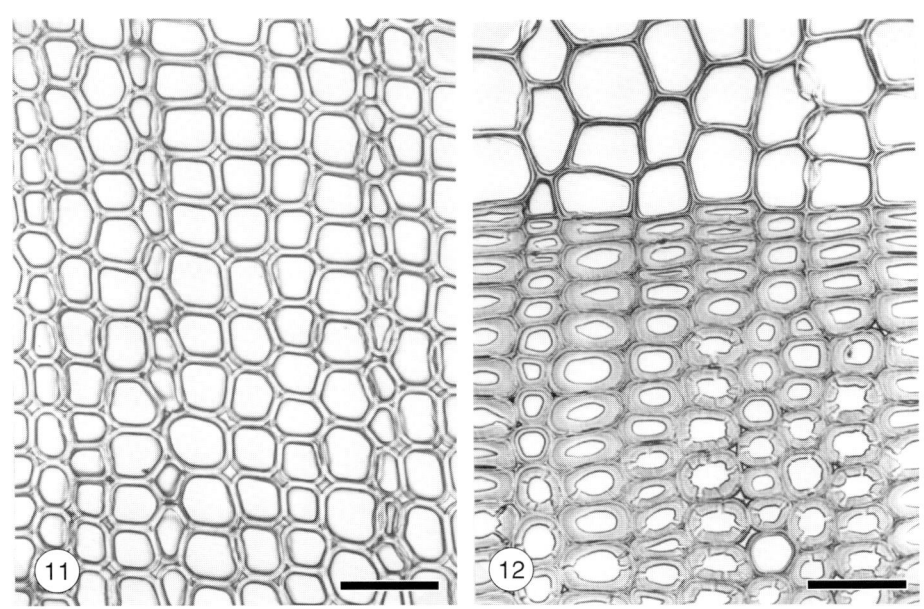

Fig. 11. 仮道管相互間の細胞間隙（特徴 53）。*Juniperus virginiana*、木口切片。―**Fig. 12.** 圧縮あて材。丸い輪郭の晩材仮道管とそれに随伴する細胞間隙。*Pseudotsuga menziesii* ベイマツ、木口切片。スケールバーは、11 と 12 = 50 µm。

木材全体の細胞間隙（木口切片における）{INTERCELLULAR SPACES THROUGHOUT THE WOOD (in transverse section)}

53. 存在する（Present）

コメント：
ほとんどの針葉樹材において仮道管相互間に小さな間隙が散見される。しかしながら、多少なりとも丸みを帯びた輪郭を持つ仮道管とともに細胞間隙が木材全体で常に認められるのはわずかな分類単位の特徴である。例：*Juniperus communis*、*J. virginiana*、*Calocedrus formosana*（Cupressaceae ヒノキ科）、*Ginkgo biloba* イチョウ（Ginkgoaceae イチョウ科、Torelli 1999）。このような細胞間隙は四辺が僅かにへこんだ特徴的な菱形によって確認できる（Fig. 11）。

注意：
これに関して、圧縮あて材に関連する細胞間隙（Fig. 12）を誤って記録しないこと。圧縮あて材は軸方向切片において仮道管二次壁にらせん状裂け目があることで最も的確に判断できる。

訳注：圧縮あて材の仮道管二次壁にらせん状裂け目が全ての針葉樹に形成されるわけではなく、圧縮あて材に全くらせん状裂け目が形成されない分類単位もある（参考文献：尾中文彦 木材研究 1, 1-84, 1949）。また、不完全な圧縮あて材では、外形が丸みを帯びる仮道管の二次壁にらせん状裂け目が無いことがある。

規則的な細胞間隙が認められないことは識別の特徴にはならない。

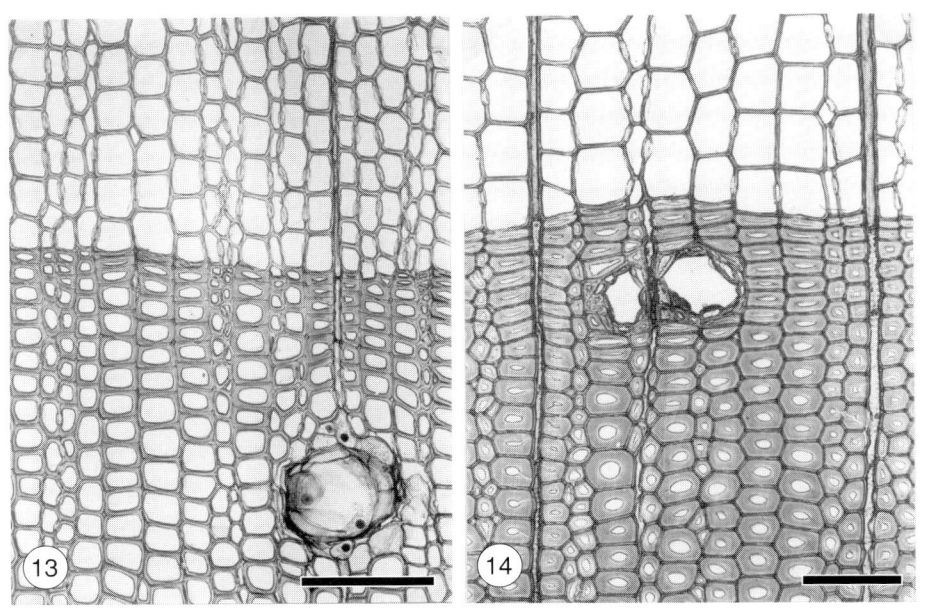

Fig. 13. 薄壁の晩材仮道管（特徴54）。*Pinus strobus* ストローブマツ、木口切片。—**Fig. 14.** 厚壁の晩材仮道管（特徴55）。*Larix decidua*、木口切片。スケールバーは、13 = 200 μm、14 = 100 μm。

晩材仮道管の壁厚（LATEWOOD TRACHEID WALL THICKNESS）

54. 薄壁である（二重壁の厚さが放射内腔径よりも小さい）｛Thin-walled (double wall thickness less than radial lumen diameter)｝

55. 厚壁である（二重壁の厚さが放射内腔径よりも大きい）｛Thick-walled (double wall thickness larger than radial lumen diameter)｝

定義：
　晩材仮道管の壁厚は、識別的特徴として用いる場合には、二重壁の厚さと内腔径の比を基準としている。晩材仮道管は通常放射方向に扁平になっているため、内腔の輪郭は長方形ないし楕円形になり、放射方向と接線方向ではその比率が異なる。共通の基準として、二重壁の厚さと内腔径は常に放射方向で測定すること。

コメント：
　統計学的に有意な数の細胞壁厚を測定するような非常に時間を要する努力は、この特徴が識別的には比較的価値の低いことを考慮するととても正当なこととはいえない。そのため、この特徴は二つに類別（薄壁および厚壁）するだけとする。
　例：薄壁の晩材仮道管（Fig. 13）は軟松（soft pine）類のほとんどの種に特徴的であり、厚壁の晩材仮道管（Fig. 14）は southern yellow pine 類のほとんどの種（*Pinus* spp. マツ属）、*Larix* spp. カラマツ属、*Pseudotsuga menziesii* ベイマツに特徴的である。

　訳注：晩材仮道管の定義がなされていないため、的確な判断が困難な特徴である。文脈からは、晩材仮道管は年輪界付近（年輪界に隣接する仮道管は除外する）にあって、典型的な早材仮道管に比べて比較的厚壁かつ多少とも扁平な仮道管と定義される。

解剖学的特徴 (ANATOMICAL FEATURES)

注意：
　相対的細胞壁厚は常に計測により決定するべきである。目視による判断でコード化や識別をしてはいけない。
　相対的細胞壁厚を圧縮あて材の仮道管については記録しないこと。圧縮あて材は軸方向切片における二次壁内のらせん状裂け目の存否により最も的確に判断できる。

トールス（早材仮道管の壁孔に限る） {TORUS(pits in earlywood tracheids only)}

56. 存在する（Present）

定義：
　トールスは壁孔膜の中央の肥厚した領域である（Wilson と White 1986）。針葉樹の分類単位を顕微鏡的に2群に分けることができる：
　一つは輪郭が非常に明瞭なトールスを持つもの、すなわち壁孔膜の中央部の密度の高い部分でミクロフィブリルが環状または放射状に堆積しており（Harada ら 1968）、しばしば無定形の物質で覆われているもの。トールスは円盤状(Fig. 15)：次のそれぞれの早材に見られる；*Abies* モミ属、*Cedrus* ヒマラヤスギ属、*Keteleeria* 属、*Larix* カラマツ属、*Picea* トウヒ属、*Pinus* マツ属、*Pseudolarix* 属、*Tsuga* ツガ属(Pinaceae マツ科)；*Thuja* ネズコ属と *Thujopsis* アスナロ属を例外として、*Cryptomeria* スギ属、*Sequoia* セコイア属、*Sequoiadendron* 属、その他全ての Cupressaceae ヒノキ科、*Saxegothaea* 属を除く Podocarpaceae マキ科、*Cephalotaxus harringtonia* イヌガヤ（Cephalotaxaceae イヌガヤ科）。もしくはトールスは凸レンズ状：*Pinus* spp. マツ属、*Sequoia* セコイア属、*Sequoiadendron* 属の晩材に見られる。またはトールスからマルゴに不明瞭に移行：*Agathis* アガチス属と *Araucaria* ナンヨウスギ属の全種、*Athrotaxis selaginoides*、*Cunninghamia lanceolata* コウヨウザン、*Ginkgo biloba* イチョウ、*Sciadopitys* コウヤマキ属、*Taiwania* 属、*Thujopsis* アスナロ属、そして Taxaceae イチイ科の全ての種および *Thuja* ネズコ属のほとんどの種(Bauch ら 1972)。

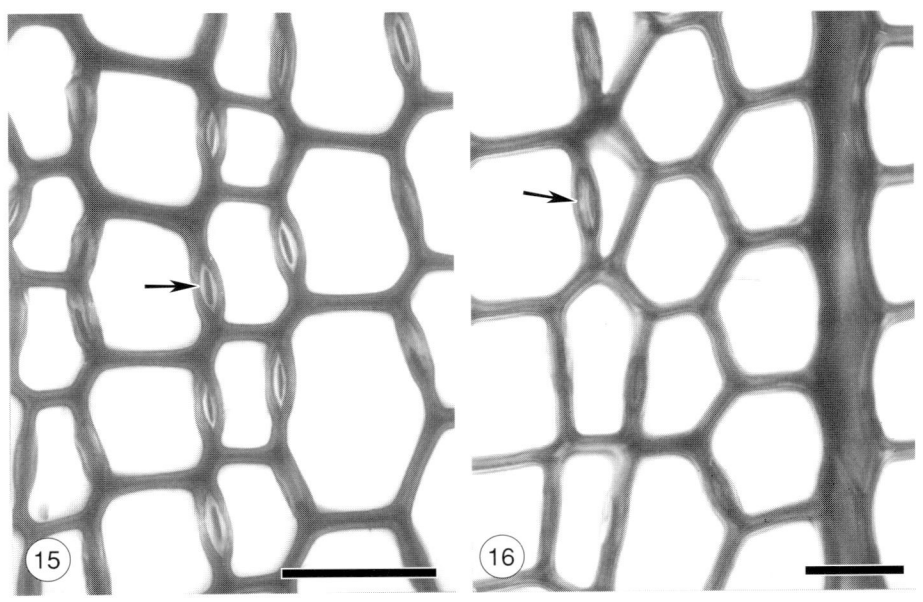

Fig. 15. 明瞭な円盤状のトールスを持つ放射壁の有縁壁孔、矢印(特徴56)。*Pinus sylvestris* ヨーロッパアカマツ、木口切片。—Fig. 16. 輪郭が明瞭なトールスを持たない有縁壁孔、矢印。(特徴56、存在しない)。*Thuja plicata*、木口切片。スケールバーは、15＝50 μm、16＝20 μm。

もう一つのグループは輪郭が明瞭なトールスを持たないもの(Fig. 16)、すなわち壁孔膜が全域にわたってほとんど同じ厚さを持つもの。例：Podocarpaceae マキ科および *Thuja* ネズコ属と *Thujopsis* アスナロ属の一部の種{*Thujopsis dolabrata* var. *hondai* ヒバ(ヒノキアスナロ)を除く}。それぞれの集団は、走査電子顕微鏡および透過電子顕微鏡による観察でミクロフィブリルの配列や密度、表面を覆われているか否かでさらに下位の類型に区分できる。

訳注：Podocarpaceae マキ科、*Thujopsis* アスナロ属は輪郭が非常に明瞭なトールスを持つ項と輪郭が明瞭なトールスを持たない項にそれぞれ例が記載されている。

手順：
生材試料の閉塞していない壁孔がトールスの観察(木口切片および板目切片)に最も適している。光学顕微鏡で観察する場合には、小さな木材片にポリエチレングリコール(分子量1500)を含浸し、カミソリで薄切片を得る方法を推奨する。コントラストを高めるためには切片をアストラブルーとサフラニンの1％水溶液で二重染色するとよい(Bauch ら 1972)。

訳注：ポリエチレングリコール(PEG)包埋法は時間がかかることおよび薄切片の精度が低いことなどの理由により樹脂包埋法に劣る。未知試料はほとんどの場合気乾状態であるため、識別目的では未閉塞壁孔にこだわる必要が無いので、シアノアクリレート樹脂(瞬間接着剤)を用いて気乾試料を簡易包埋して薄切する方法を推奨する(参考文献：藤田と原田 京大演習林報告 52, 216-220, 1980)。

トールス(存在する場合) {TORUS(when present)}

最も標準的な壁孔構造は壁孔とトールスの整然となめらかな輪郭によって区切られる。全ての変異は以下のいずれかの特殊な構造に起因するものである。

57. ホタテガイ状 (Scalloped)

定義：
ホタテガイ状の壁孔{同義語：装飾付きの壁孔(Ornamented pits)}とは鋸歯状の(「ホタテガイ状」の)トールスの縁を持つ有縁壁孔である(IAWA Committee 1964)。

コメント：
よく発達したホタテガイ状の壁孔(Fig. 17)は *Cedrus* ヒマラヤスギ属(Pinaceae マツ科)のみの特徴である。ホタテガイ状への移行型はしばしば他の Pinaceae マツ科、特に *Pseudolarix* 属(Willebrand 1995)、および Cupressaceae ヒノキ科に認められる。

注意：
ホタテガイ状の壁孔が認められないことは識別上の特徴にはならない。ときどき見られる場合はコード化してはならないが、注釈の中で記述すべきである。例えば、腐朽材はしばしばホタテガイ状のトールスを持っているように見える。

伸展トールス (TORUS EXTENSIONS)

58. 存在する (Present)

定義：
トールスからマルゴの周縁部に放射状に延びている壁孔膜における棒状の肥厚部("margo straps"、Figs. 19 と 20)。

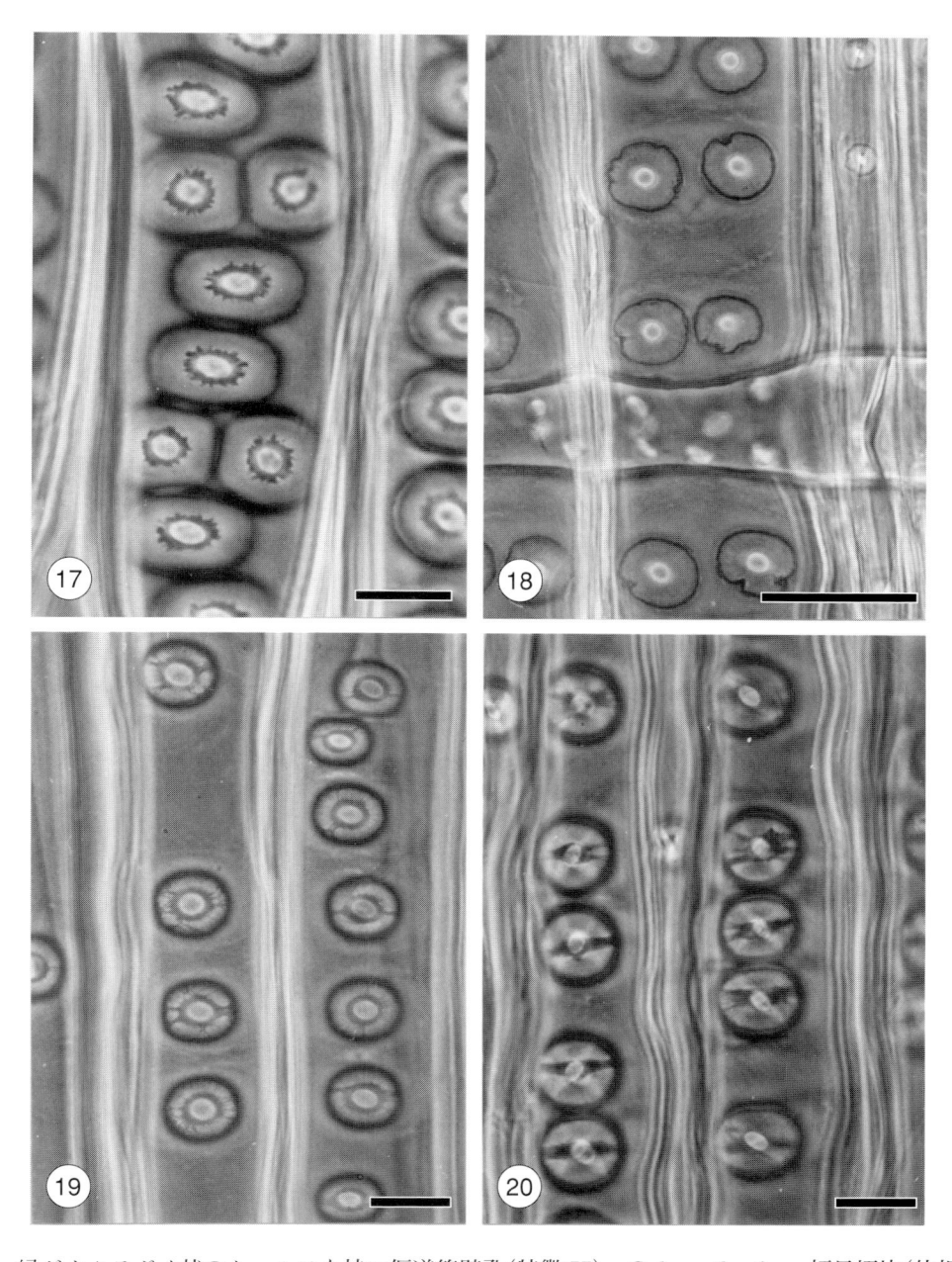

解剖学的特徴（ANATOMICAL FEATURES）

Fig. 17. 縁がホタテガイ状のトールスを持つ仮道管壁孔(特徴57)。*Cedrus atlantica*、柾目切片(位相差顕微鏡)。— Fig. 18. 壁孔縁の外側に切れ込みを持つ仮道管壁孔(特徴59)。*Taiwania cryptomerioides* タイワンスギ、柾目切片(位相差顕微鏡)。— Figs. 19 と 20. 特徴的な伸展トールスを持つ仮道管壁孔(特徴58)。— 19：*Tsuga heterophylla* ベイツガ、柾目切片(位相差顕微鏡)。— 20：*Lagarostrobos franklinii*(= *Dacrydium franklinii*)、柾目切片(位相差顕微鏡)。スケールバーは、17と19、20＝20 μm、18＝50 μm。

コメント：
多くの教科書は、伸展トールスをセルロースミクロフィブリルが密なひも状の形態でトールスからマルゴ外縁まで放射状に伸びている集合物としている。伸展トールスは位相差顕微鏡下で最も明瞭に観察でき、*Tsuga* ツガ属（Pinaceae マツ科）、*Widdringtonia* 属（Cupressaceae ヒノキ科）、*Lagarostrobos franklinii*（＝*Dacrydium franklinii*）（Podocarpaceae マキ科）で普通に存在する。時々見られる例としては、*Abies sachalinensis* トドマツ（Sano ら 1999）、*Actinostrobus* spp., *Fitzroya* 属, *Juniperus* spp. ネズミサシ属、*Pilgerodendron* 属, *Thujopsis* アスナロ属（Cupressaceae ヒノキ科）、*Abies* spp. モミ属（Pinaceae マツ科）がある（Willebrand 1995）。

切れ込みのある壁孔縁（PITS WITH NOTCHED BORDERS）

59. 存在する（Present）

記載：
「切れ込みのある壁孔縁」は壁孔の外孔縁に切れ込みが部分的に見られるものである。1 から 2～3 個の切れ込みが相互に間隔を置いて存在することもあれば、連続的な切れ込みとなって壁孔室の周縁が不規則な形を呈することもある。

コメント：
壁孔縁に切れ込みが多少とも普通に現れるのは特定の属のごく少数の種、すなわち、*Athrotaxis cupressoides*、*A. selaginoides*、*Chamaecyparis pisifera* サワラ、*Cryptomeria* スギ属、*Cupressus dupreziana*、*Juniperus thurifera*、*Papuacedrus papuana*、*Sequoia* セコイア属、*Taiwania* spp., *Thuja occidentalis* ニオイヒバ（Cupressaceae ヒノキ科）と *Torreya* カヤ属（*T. californica*、*T. nucifera* カヤ、*T. taxifolia*）（Taxaceae イチイ科）でしか観察されていない（Willebrand 1995）。この特徴は限られたものにしか見られないため、例えば他の特徴がほとんど同一な *Sequoia* セコイア属と *Sequoiadendron* 属の木材を区別する場合などにかなり重要な識別拠点となると思われる。

注意：
細菌や菌類による壁孔縁の分解部 {Phillips 1948 による「浸食された壁孔（eroded pits）」} とこの切れ込みを混同しないように注意する。酵素による分解は壁孔全体、即ち壁孔縁、壁孔膜およびトールスに影響を及ぼすが、切れ込みは壁孔縁だけに限られている。

イボ状層（光学顕微鏡で観察可能なもの）{WARTY LAYER(visible under the light microscope)}

60. 存在する（Present）

定義：
イボは小さく、枝分かれしていない突起物であり、針葉樹では仮道管の二次壁の内層（S_3 または三次壁）上にあり（イボ状層に関する詳細は次の文献を参照のこと：Wardrop と Davis 1962、Cronshaw 1965、Liese 1965、Takiya ら 1976、Ohtani ら 1984、Fujii 2000）、双子葉植物では道管要素と繊維の二次壁内層上にある。イボは主にリグニンとヘミセルロースを主成分としており、S_3 層とは明確に区別できる細胞壁最内層として細胞膜の外側に形成される。従って、真のイボの構造は微細な突起物またはイボを備え S_3 層を裏張りする薄層と定義できる。イボは電子顕微鏡ではっきりと確認でき、光学顕微鏡で確認できるほどに粒の大きなものもある（例えば、Figs. 21 と 22 の *Actinostrobus pyramidalis*、Fig. 27 の *Callitris* 属の種）。個々のイボの平均直径は普通 100～500 nm で、まれに 1 μm に達する。平均の高さは 500 nm～1 μm である（Liese 1957、Ohtani と Fujikawa 1971、Ohtani 1979）。イボの分布、大きさ、頻度には分類単位間で大きな変異がある（Liese 1965）。イボ状層の個体発生学

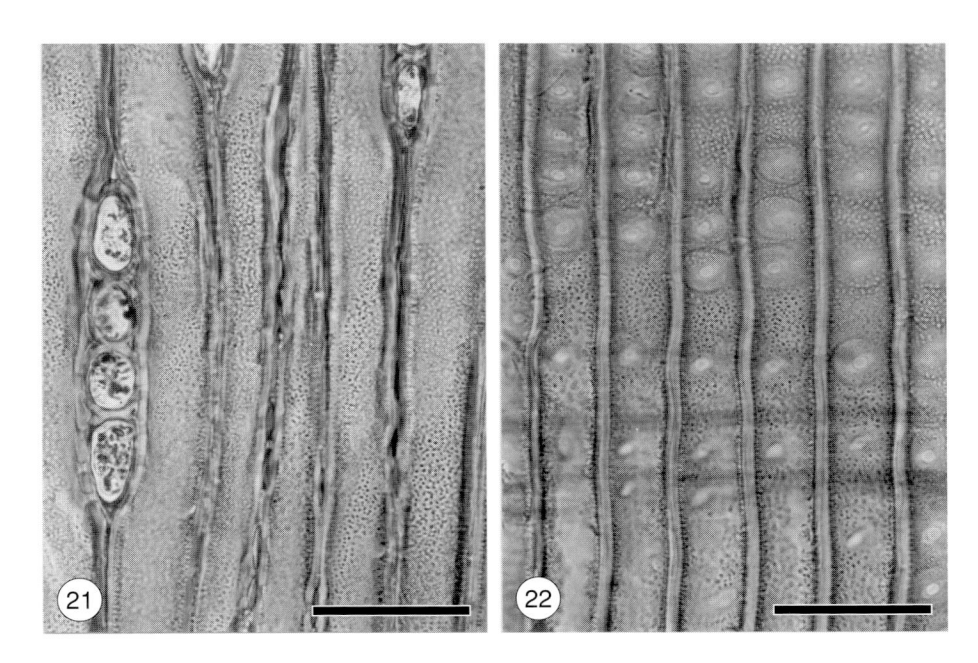

Figs. 21 と 22. イボ状層(特徴 60)、*Actinostrobus pyramidalis*。—**21**:板目切片。—**22**:柾目切片。スケールバーは、21 と 22 = 50 μm

的研究や機能についてはこれまでに多くの研究の課題とされてきている(Jansen ら 1998 を参照のこと)。

訳注:「三次壁」は定義的に誤りであるとの認識が一般的であり、もはや用いるべきではない。また、S_3 layer は tertiary wall ではない。

コメント:
　イボ状層は針葉樹のほとんどの分類単位に存在する(Jansen ら 1998)。イボ状層がないと報告されているのは、*Pinus* マツ属の数種(Frey-Wyssling ら 1955)、*Taxus cuspidata* イチイ、*Taxus floridana*、*Torreya nucifera* カヤ(Taxaceae イチイ科)、*Cephalotaxus harringtonia* イヌガヤ(Cephalotaxaceae イヌガヤ科)、*Podocarpus macrophyllus* イヌマキと *Nageia nagi* (=*Podocarpus nagi*)ナギ(Podocarpaceae マキ科)(Harada ら 1958)である(訳注:*Nageia nagi* はわが国の植物図鑑では *Podocarpus nagi* と記載されていることが一般的である)。イボ状層が存在することは木材の識別において大きな手がかりとなる。特に大粒で密に分布するイボは、例えば *Callitris columellaris*(Ilic 1994)に見られ、光学顕微鏡下で容易に観察できる。小粒で粗に分布するイボは、例えば *Cedrus* ヒマラヤスギ属に見られ、確実に観察するためには普通は電子顕微鏡的手法が必要である。
　イボは、Cupressaceae ヒノキ科(*Athrotaxis* 属、*Callitris* 属、*Chamaecyparis* ヒノキ属、*Cryptomeria* スギ属、*Cupressus* イトスギ属、*Fitzroya* 属、*Juniperus* ネズミサシ属、*Sequoia* セコイア属、*Sequoiadendron* 属、*Tetraclinis* 属、*Thuja* ネズコ属、*Thujopsis* アスナロ属、*Widdringtonia* 属)、Pinaceae マツ科(*Abies* モミ属、*Cedrus* ヒマラヤスギ属、*Pinus bungeana*、*P. massoniana*)、そして Podocarpaceae マキ科の一部(*Podocarpus* マキ属)で報告されている。詳しい情報は、上記の引用文献を参考にすること。

らせん肥厚と他の細胞壁肥厚（HELICAL AND OTHER WALL THICKENINGS）

仮道管のらせん肥厚（HELICAL THICKENINGS IN TRACHEIDS）

定義：
らせん肥厚は仮道管内表面の隆起線である。らせん肥厚は軸方向仮道管と放射仮道管の両方に存在することがあり、通常はそれぞれの細胞全体に広がっている（Figs. 23～26）。

コメント：
軸方向仮道管のらせん肥厚は、集合状態（単一または対）、間隔、傾斜角度、厚さ、分枝、細胞壁との結合具合が分類単位間で異なっている（Figs. 23～25）。これらの要素の中には定量化できるものがあり、従ってそれらは個々の特徴として盛り込まれるが、その他の要素はあまりにも変異が大きいので、定量化が困難である。そのような情報は、従ってコメントに記載するに留める。

集合状態（単一または対）と間隔（軸方向1 mm あたりに存在する肥厚の数）については、個別の特徴として取り上げる（後述）。

傾斜角度と厚さはらせんの間隔と多少の関係があり、例えば *Pseudotsuga* トガサワラ属および *Picea* トウヒ属の数種のような間隔が狭い分類単位のらせん肥厚は、細く、仮道管軸に対して大きな角度（約80°ないしほぼ水平＝90° Fig. 24）でかなり平坦になる傾向があるが、間隔の広いらせんを持つ分類単位、例えば、*Amentotaxus* 属、*Cephalotaxus* イヌガヤ属、*Taxus* イチイ属、*Torreya* カヤ属では、一般的にらせんが太くかつ急傾斜である（Fig. 23）。しかし、どのような試料であれ傾斜角度と太さは想定される範囲の全体に及んで変異することがあるため、これらは定量化が困難な傾向である。

Yoshizawa ら（1985）は、*Taxus* イチイ属、*Torreya* カヤ属、*Cephalotaxus* イヌガヤ属のらせん肥厚は基部が狭く、二次壁内層（S_3）としっかりと結合していないと報告している。一方、*Pseudotsuga* トガサワラ属のらせん肥厚は基部が広く、結合するミクロフィブリルによって S_3 層にしっかりと固定されている。

注意
らせん肥厚を圧縮あて材仮道管の典型的な特徴である「らせん状裂け目」と混同しないこと。らせん状裂け目は二次壁の「内部」の隙間で、通常細胞軸に対して急な傾斜角（約45° Onaka 1949）で配列している。

らせん肥厚は、木材腐朽菌の酵素反応に起因してしばしばらせん状を呈する細胞壁内の軟腐朽の空隙構造（Phillips 1948）と混同されることもあり、また屋外暴露した木材の表層に化学的劣化によって現れるらせん状の腐食部と混同されることもある（Feist 1990）。どちらの構造も、考古学的な試料でよく見られる。

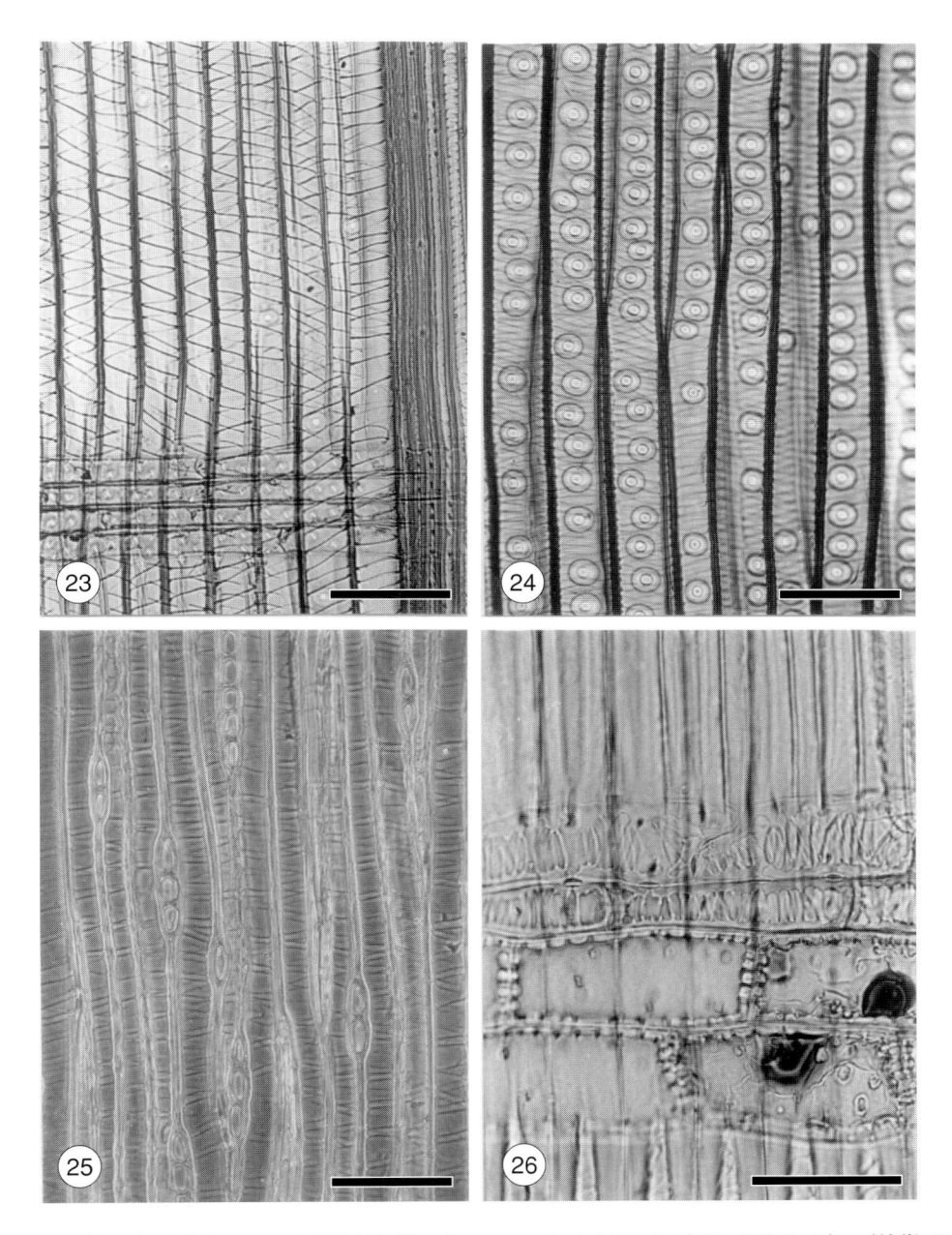

解剖学的特徴（ANATOMICAL FEATURES）

Figs. 23〜25. 軸方向仮道管のらせん肥厚（特徴61）。──23：らせん肥厚は単独で間隔が広い（特徴65、68）。*Taxus baccata*、柾目切片。──24：らせん肥厚は単独で間隔が狭い（特徴65、67）。*Pseudotsuga menziesii* ベイマツ。──25：らせん肥厚は対をなして集合し間隔が広い（特徴66、68）。*Torreya californica*、板目切片（位相差顕微鏡）。──Fig. 26. 放射仮道管のらせん肥厚（特徴69）。*Pseudotsuga japonica* トガサワラ、柾目切片。スケールバーは、23〜25＝100 μm、26＝50 μm。

軸方向仮道管のらせん肥厚（存在）{HELICAL THICKENINGS IN LONGITUDINAL TRACHEIDS (presence)}

61. 存在する（Present）

らせん肥厚（軸方向仮道管の — 存在部位）{HELICAL THICKENINGS(in longitudinal tracheids - location)}

62. 成長輪全体を通して存在する（Present throughout the growth increment）
63. 早材部でのみよく発達する（Well developed only in earlywood）
64. 晩材部でのみよく発達する（Well developed only in latewood）

　軸方向仮道管のらせん肥厚が成長輪全体を通して発達する、例えば *Amentotaxus* 属、*Taxus* イチイ属、*Torreya* カヤ属(Taxaceae イチイ科)、および *Cephalotaxus* イヌガヤ属(Cephalotaxaceae イヌガヤ科)。
　軸方向仮道管のらせん肥厚は早材でよく発達するが、晩材ではしばしば発達が悪かったり存在しない、例えば *Pseudotsuga* トガサワラ属(Pinaceae マツ科)。
　軸方向仮道管のらせん肥厚は晩材でよく発達するが、早材ではしばしば発達が悪かったり存在しない、例えば、*Larix potaninii* var. *himalaica* および *Picea* トウヒ属の数種(Pinaceae マツ科)。

コメント：
　Torreya カヤ属および *Cephalotaxus* イヌガヤ属と同様に *Picea* トウヒ属の数樹種では、らせん肥厚が枝材にあって幹材には存在しないことがある(Yatsenko-Khmelevsky 1954)。また、*Larix* カラマツ属では、若い幹や枝の晩材部でもらせん肥厚が観察されている(Yatsenko-Khmelevsky 1954、Chavchavadze 1979)。

らせん肥厚（軸方向仮道管の — 単独か集合しているか）{HELICAL THICKENINGS(in longitudinal tracheids - whether single or grouped)}

65. 単独（Single）
66. 集合（二本または三本）{Grouped(double or triple)}

　らせん肥厚は通常単独、例えば *Taxus* イチイ属(Taxaceae イチイ科)(Fig. 23)、*Pseudotsuga* トガサワラ属(Pinaceae マツ科)(Fig. 24)。
　らせん肥厚が典型的に対をなして集合する、例えば *Torreya* カヤ属(Taxaceae イチイ科)(Fig. 25)、*Amentotaxus* 属(Taxaceae イチイ科)。*Torreya* カヤ属では3本組になることもある。
　Cephalotaxus イヌガヤ属(Cephalotaxaceae イヌガヤ科)では、集合したりしなかったりする。

らせん肥厚（軸方向仮道管の — 間隔、早材仮道管に限る）{HELICAL THICKENINGS(in longitudinal tracheids - spacing、earlywood tracheids only)}

67. 間隔が狭い（1 mm あたりの巻き数が 120 より多い）{Narrowly spaced(number of coils more than 120 per mm)}
68. 間隔が広い（1 mm あたりの巻き数が 120 未満）{Widely spaced(number of coils less than 120 per mm)}

　らせん肥厚の間隔は、例えば *Pseudotsuga* トガサワラ属(120〜180)(Fig. 24)や *Picea smithiana*(150

~200)におけるように、一般に 1 mm あたりの巻き数が 120 を超える場合狭いとみなす。例えば *Torreya* カヤ属(80〜100＝40〜50 対)や *Taxus* イチイ属(40〜80) (Fig. 23)のように、1 mm あたりの巻き数が 120 未満の時、間隔が広いとみなす。*Cephalotaxus* イヌガヤ属(Cephalotaxaceae イヌガヤ科)は 80〜140 で種や試料によって異なり、どちらにもあてはまる。

手順

軸方向の単位長さ(mm)あたりのらせん肥厚の巻き数は、隣り合った仮道管のらせん肥厚が相互に混同しがちとなる放射壁の平面像で測定するより、むしろ柾目切片を用いて接線壁の「光学的な切片」で最も簡単に計数できる。

放射仮道管のらせん肥厚（HELICAL THICKENINGS IN RAY TRACHEIDS）

69. 普通に存在する（Commonly present）
70. （存在するが）稀｛(present but) Rare｝

幹の成熟材の放射仮道管にらせん肥厚が普通に存在する、例えば *Pseudotsuga japonica* トガサワラ (Fig. 26)、*Larix* カラマツ属の一部の種(*L. potaninii* var. *himalaica*, Suzuki と Noshiro 1988)と *Picea* トウヒ属の一部の種(*Picea polita*＝*P. torano* ハリモミ, Sudo 1968、*P. abies* ドイツトウヒ, Fig. 40) (訳注：*Picea maximowiczii* ヒメバラモミの放射仮道管にも普通に存在する)。

幹の成熟材の放射仮道管のらせん肥厚は *Pseudotsuga menziesii* ベイマツと *Larix kaempferi* カラマツでは稀である。

コメント：

放射仮道管のらせん肥厚もまた *Larix* カラマツ属の若い幹や枝の晩材部で時折観察される (Yatsenko-Khmelevsky 1954、Chavchavadze 1979)。

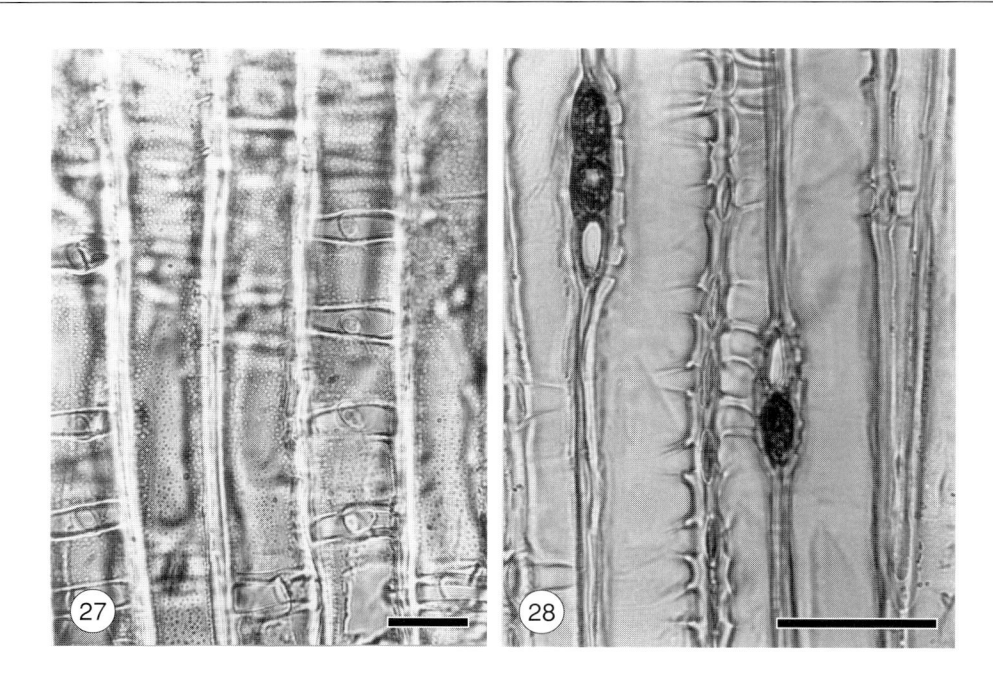

Figs. 27 と 28. カリトリス型肥厚(特徴71)。——**27**：仮道管にはイボ状層も存在する(特徴60)。*Callitris preissii*、柾目切片。——**28**：*Callitris columellaris*、板目切片。スケールバーは、27＝20 μm、28＝50 μm。

カリトリス型肥厚（CALLITRIOID THICKENINGS）

71. 存在する（Present）

定義：

カリトリス型肥厚は、仮道管相互間の個々の有縁壁孔対を上下から挟む一対の水平方向の隆起線である(柾目切片)(Fig. 27)。接線方向では、日よけ(庇のように張り出している構造)に似ている(Fig. 28)。同義語：カリトリス型(Callitrisoid)肥厚、日よけ壁孔(pit with awnings)。

コメント

カリトリス型肥厚は、主に *Callitris macleayana* 以外の *Callitris* 属(Cupressaceae ヒノキ科)に存在する。Phillips(1948)は、*Actinostrobus acuminatus*(Cupressaceae ヒノキ科)と *Pseudolarix* 属(Pinaceae マツ科)にわずかにカリトリス型肥厚が存在すると報告している。

Heady と Evans(2000)は *Callitris* 属の走査電子顕微鏡による観察で、カリトリス型肥厚が分野壁孔にも存在することがあることを示している。

軸方向柔組織（AXIAL PARENCHYMA）

軸方向柔組織（細胞間道のエピセリウム細胞や副細胞は除く）{AXIAL PARENCHYMA (excluding epithelial and subsidiary cells of intercellular canals)}

72. 存在する（Present）

定義：
　柔細胞は代謝物の貯蔵に関わり、（ほとんど常に）単壁孔を有する細胞であり、木部母細胞から分化する間に先端部の挿入的な伸長成長を行わない。
　放射柔組織はすべての現生針葉樹材に存在するが、軸方向柔組織は存在するものとしないものがあるため、識別には重要な特徴となる。

コメント：
　軸方向柔組織は針葉樹材では広葉樹材ほど一般的ではない。存在するときも疎らで、たいてい晩材部に現れる。軸方向柔組織は、Araucariaceae ナンヨウスギ科、Phyllocladaceae、Sciadopityaceae コウヤマキ科、Taxaceae イチイ科では存在しない。

　訳注：軸方向柔組織は、ほとんどの Pinaceae マツ科にも存在しない。

　軸方向柔組織は、Cephalotaxaceae イヌガヤ科、Cupressaceae ヒノキ科、それに Podocarpaceae マキ科のほとんどで常に見られる特徴である。
　軸方向柔組織の存在の確認と分布様式については、軸方向柔組織が常に存在する分類単位においても、個々の成長輪では疎らであったり存在しないこともあるので、木口切片で広範囲を観察して判断する。
　軸方向切片では、軸方向柔組織は平滑または不規則な肥厚のある末端壁を持つ短い細胞（紡錘形始原細胞の再分裂によって軸方向柔細胞からなるストランドができる）として認識できる。
　紡錘形柔組織（紡錘形始原細胞から引き続いての横面分裂がないまま派生する）は Pinaceae マツ科の数属の若い幹や枝材にのみ見られ、*Larix* カラマツ属と *Picea* トウヒ属の枝材を識別する場合には有用な識別的特徴となる（Noshiro と Fujii 1994）。

注意：
　針葉樹材の軸方向柔組織は、通常、濃色の内容物がしばしば見られることで認識できるが、そのような内容物は試料の作製過程で取り除かれることもある。同様に、腐朽材や考古学的な試料では（特に化石木では必ず）、柔細胞から濃色の内容物がなくなっていることもあり、その場合には軸方向切片で探すのが比較的容易である。

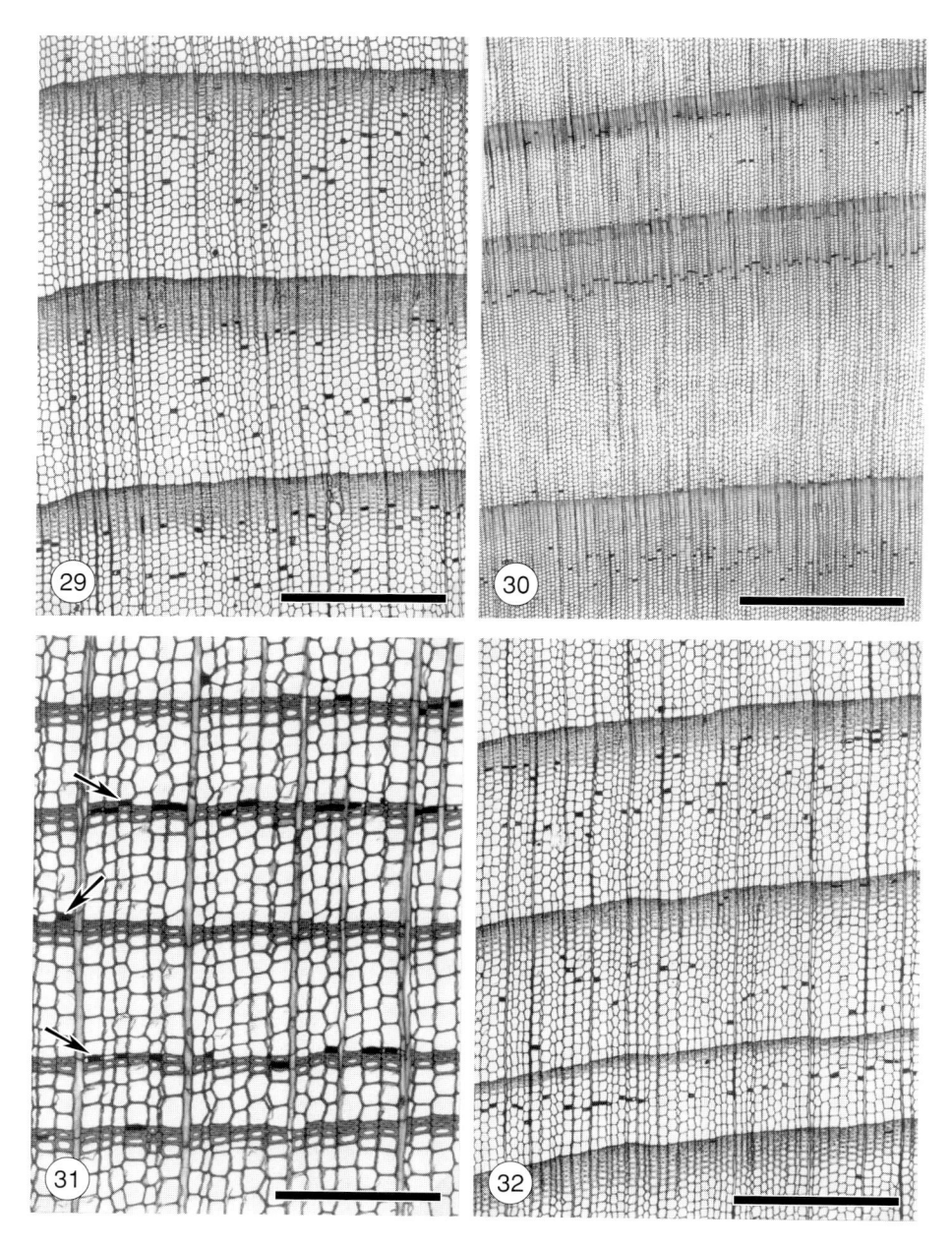

Figs. 29 ~ 32. 軸方向柔組織が存在する(特徴72)、木口切片。—**29**：配列は散在状(特徴73)、*Taxodium distichum* ヌマスギ。—**30**：配列は接線方向の帯状(特徴74)、*Cryptomeria japonica* スギ。—**31**：配列は晩材の年輪境界部の接線方向の帯状、矢印(特徴74と75)、*Sequoia sempervirens* セコイア(レッドウッド、センペルセコイア)。—**32**：配列は散在状と接線方向の帯状(特徴73と74)、*Taxodium distichum* ヌマスギ。スケールバーは、29〜32＝1 mm。

軸方向柔組織の配列 (ARRANGEMENT OF AXIAL PARENCHYMA)

73. 散在状（成長輪全体にわたって均一に散在する）{Diffuse (evenly scattered throughout the entire growth increment)}
74. 接線方向の帯状 (Tangentially zonate)
75. 成長輪界状 (Marginal)

定義：
軸方向柔組織は散在状：単独または対になった柔組織ストランドが成長輪全体にわたって仮道管の間に均一に存在する。例えば、*Taxodium distichum* ヌマスギ (Fig. 29)、Cephalotaxaceae イヌガヤ科、Podocarpaceae マキ科。

軸方向柔組織は接線方向の帯状：柔組織ストランドが成長輪界に多少とも平行して接線方向（または斜め方向）に短くまたは長く線状に集合し、早晩材の移行部もしくは晩材に最もよく見られる。例えば、広義の Cupressaceae（ヒノキ科）(Farjon 2001) (Figs. 30 と 31)。

成長輪界状：早材の第1列目かまたは晩材の最後の1列目に個々の柔細胞が成長輪界に沿って存在する。例えば、*Abies* モミ属、*Cedrus* ヒマラヤスギ属、*Keteleeria* 属、*Larix* カラマツ属、*Pseudotsuga* トガサワラ属、*Tsuga* ツガ属（Pinaceae マツ科）、そして *Sequoia* セコイア属（Cupressaceae ヒノキ科）の特定の種の未成熟材および成熟材 (Fig. 31)。未成熟材には成熟材より頻繁に出現する (Noshiro と Fujii 1994)。

コメント：
分類単位によっては、軸方向柔組織は散在状と接線方向の帯状のどちらか一方または両方が現れることがある (Fig. 32)。接線方向の帯状に配列する軸方向柔組織が容易に見られるのは次の属の特徴である：*Callitris* 属、*Calocedrus* 属、*Chamaecyparis* ヒノキ属、*Cryptomeria* スギ属、*Cupressus* イトスギ属、*Juniperus* ネズミサシ属、*Taiwania* 属、*Taxodium* ヌマスギ属、*Thuja* ネズコ属 (Cupressaceae ヒノキ科)、しかし個体によっては存在しなかったり、非常に疎らなこともある。木口切片で濃色の内容物を含む細胞を観察するのが最も簡単である。しかしながら、その存在については軸方向切片でその特徴的な水平末端壁を確認する必要がある（次の特徴を参照）。

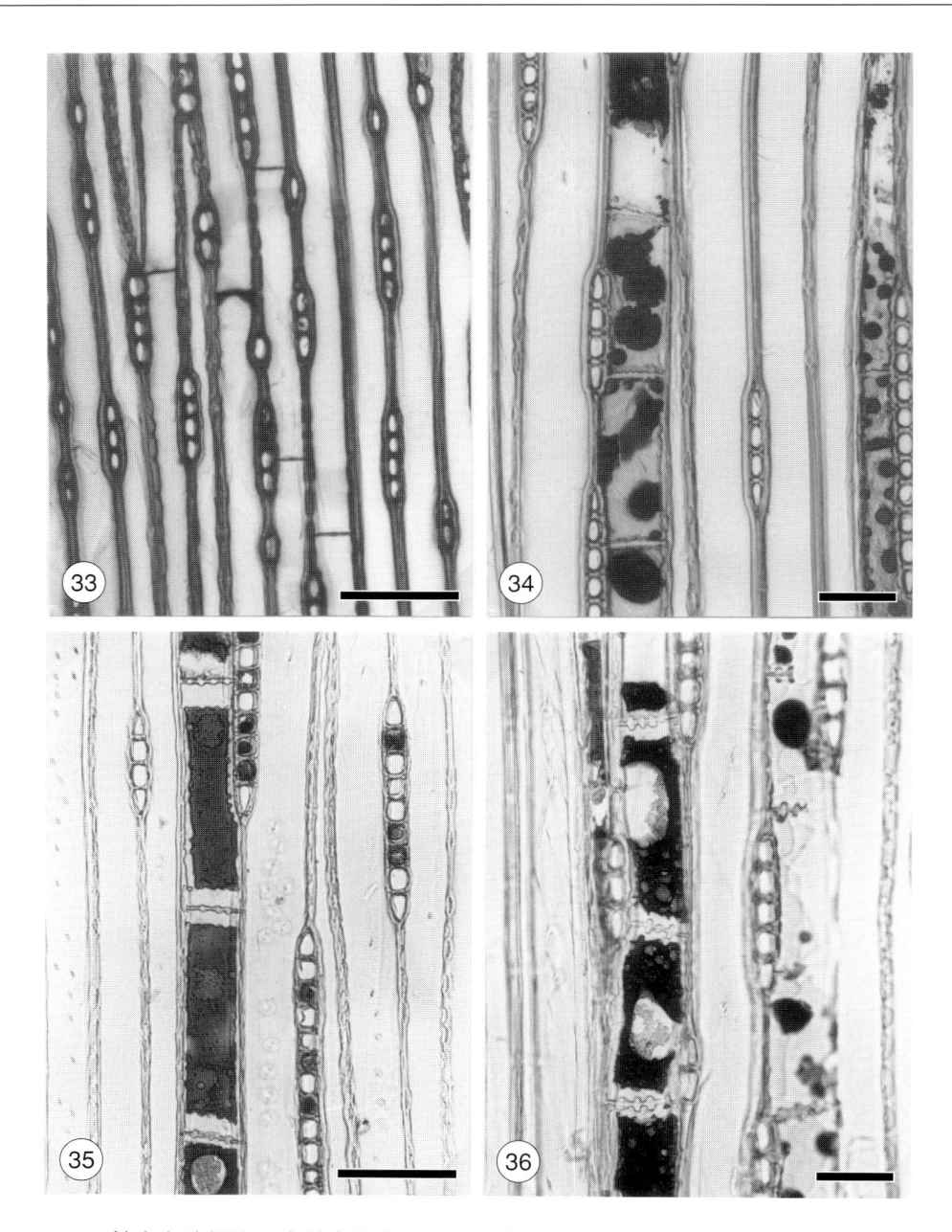

Figs. 33 〜 36. 軸方向柔細胞の水平末端壁、板目切片。—**33**：末端壁が平滑(特徴 76)、*Podocarpus elongatus*。—**34**：末端壁が不規則に肥厚、(特徴 77)、*Cryptomeria japonica* スギ。—**35 と 36**：末端壁が数珠状(特徴 78)、*Taxodium distichum* ヌマスギ。スケールバーは、33 と 35＝100 μm、34 と 36＝50 μm。

水平末端壁（TRANSVERSE END WALLS）

76. 平滑（Smooth）
77. 不規則に肥厚（Irregularly thickened）
78. 数珠状（Beaded or nodular）

　軸方向柔細胞の水平末端壁は、板目面および柾目面のどちらの切片でも観察され、平滑、不規則に肥厚、または数珠状のいずれかである。

　平滑な末端壁は Callitris 属、Xanthocyparis nootkatensis（＝Chamaecyparis nootkatensis）ベイヒバ、Tetraclinis articulata、Thuja occidentalis ニオイヒバ、Widdringtonia 属（Cupressaceae ヒノキ科）と Dacrydium cupressinum、Podocarpus マキ属（Podocarpaceae マキ科）で存在する（Fig. 33）。

　不規則に肥厚した末端壁は、Chamaecyparis thyoides と Cryptomeria japonica スギ（Fig. 34）の特徴である。平滑な末端壁を有する大部分の樹種では、不規則で目立たない肥厚のある末端壁もいくらか存在する。

　顕著な数珠状の末端壁は、例えば Taxodium distichum ヌマスギ（Figs. 35 と 36）、Calocedrus decurrens、C. formosana、Chamaecyparis obtusa ヒノキ、C. pisifera サワラ、Juniperus ネズミサシ属の多くの種、Thuja standishii クロベ（ネズコ）、Thujopsis dolabrata アスナロ（Cupressaceae ヒノキ科）、Abies モミ属、Cedrus ヒマラヤスギ属、Keteleeria 属、Pseudolarix 属、Pseudotsuga トガサワラ属、Tsuga ツガ属（Pinaceae マツ科）で普通に見られる。

　訳注：Cathaya 属も顕著な水平末端壁を有する。

　Cupressaceae ヒノキ科では、数珠状に見えるのは一次壁の局所的な肥厚によるものであり、厳密な意味の壁孔とは言えない。しかしながら、Abies モミ属、Cathaya 属、Keteleeria 属、Larix カラマツ属、Picea トウヒ属、Pseudotsuga トガサワラ属、Tsuga ツガ属では、同様に見えるものが二次壁の真の単壁孔により形作られる（Phillips 1948）。

　数珠状の末端壁は一般的に板目切片でより明瞭であり、そこでは単独で（例えば Cupressus macrocarpa）または一つの末端壁に２つまたはそれ以上の数珠状構造が連続して観察される。局所的な肥厚や壁孔または壁孔域（Abies モミ属、Cathaya 属、Keteleeria 属、Larix カラマツ属、Picea トウヒ属、Pseudotsuga トガサワラ属、Tsuga ツガ属における）は、これら末端壁上で接線方向に揃って並んでいるため、柾目切片では、１つの肥厚部しか見えない（Phillips 1948、Yatsenko-Khmelevsky 1954）。

　注意：
　数珠状末端壁はしばしば樹脂により不明瞭になることがある。Taxodium distichum ヌマスギおよびおそらく他の分類単位でも、ほんの偶然に、かつ限られた部位（例えば未成熟材）で末端壁が平滑もしくは平滑に近い状態になることもある。

放射組織の構成 (RAY COMPOSITION)

放射仮道管 (RAY TRACHEIDS)

79. 普通に存在する (Commonly present)
80. 存在しないか極めて稀 (Absent or very rare)

定義：
　放射仮道管は放射組織の一部を構成する仮道管 {同類の要素につながる有縁壁孔を持ち穿孔がない木部の細胞(IAWA Committee 1964)} である。針葉樹材の場合、わずか2種類の放射組織に区分される：柔細胞のみから構成される放射組織(Fig. 38)および柔細胞と放射仮道管から構成される放射組織(Fig. 37)。

コメント：
　放射仮道管の存在を確認するためには有縁壁孔を、特に放射組織の2つの隣接する縁辺細胞または縁辺の内側の細胞の間の末端壁を、丹念に調べる。
　放射仮道管は、*Tsuga* ツガ属を除けば、正常な細胞間(樹脂)道(該当する特徴を参照のこと)を有するすべてのマツ科に常に認められる特徴であり、*Xanthocyparis nootkatensis*(＝*Chamaecyparis nootkatensis*) ベイヒバ(Cupressaceae ヒノキ科)では一部の放射組織がすべて仮道管からなり、その他がすべて柔細胞からなることもある。

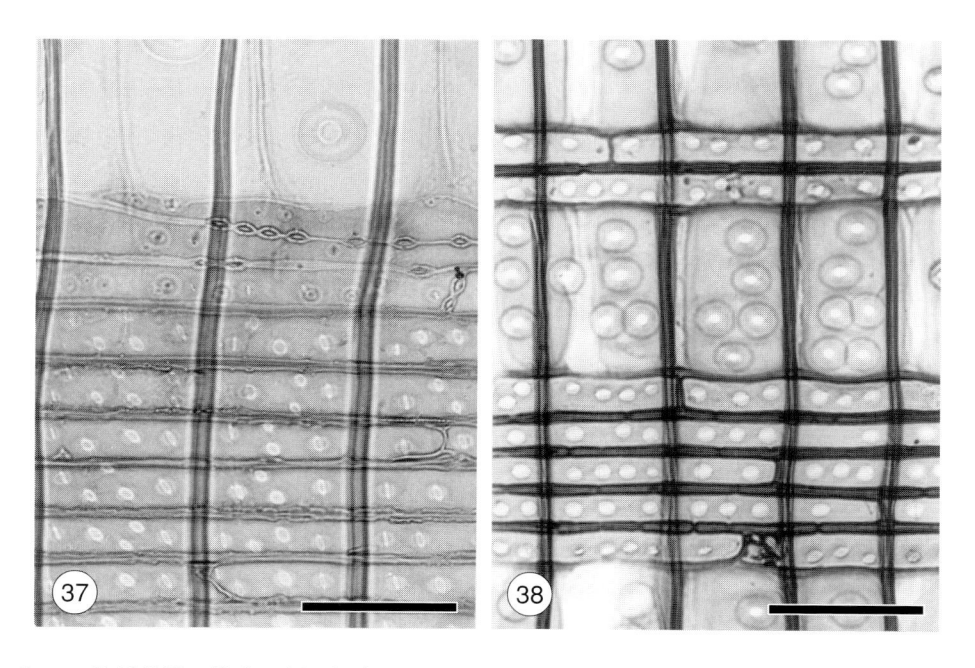

Figs. 37 と 38. 放射組織の構成、柾目切片。— **37**：上部に3列の放射仮道管を有する放射組織(特徴79)。*Picea abies* ドイツトウヒ。— **38**：放射仮道管が存在しない(特徴80)、*Taxodium distichum* ヌマスギ。スケールバーは、37 と 38 ＝ 50 μm。

正常な樹脂道を有しない Pinaceae マツ科の属のうち、*Cedrus* ヒマラヤスギ属および *Tsuga* ツガ属では放射仮道管は比較的頻繁に見られ、*Abies* モミ属および *Pseudolarix* 属では非常にまれである。同様に、Cupressaceae ヒノキ科の一部、例えば *Cupressus arizonica*、*Sequoia* セコイア属、*Thujopsis dolabrata* アスナロでは稀に見られる(Phillips 1948)。これらの分類単位では、わずかな放射組織でのみ放射仮道管が縁辺細胞列に現れ、時々正常な放射柔細胞に混じって存在する。

放射仮道管は、放射組織の普通1列のみの縁辺細胞列を構成したり(例えば *Pseudotsuga* トガサワラ属、*Tsuga* ツガ属)、1からときに2、3列を構成したり(例えば *Larix* カラマツ属、*Picea* トウヒ属)、通常数列の縁辺細胞列を構成したりすることもある(例えば *Pinus* マツ属)。放射組織の中には、例えば多数の放射仮道管で構成される(southern yellow pine 類に属する)*Pinus* マツ属の種や、極めてまれに、*Picea* トウヒ属と *Larix* カラマツ属の種にみられるように、仮道管のみで構成されることもある(Yatsenko-Khmelevsky 1954、Chavchavadze 1979)。*Pinus* マツ属では、放射仮道管の列は放射組織の上下の縁辺部にのみ存在するだけでなく、内部にも存在することがある(Core ら 1979)。

注意：
考古学的な材料の場合、細胞壁の物理的な劣化や腐朽によって有縁壁孔が変形したり不明瞭になったりするので非常に注意深く調べることが必要である。

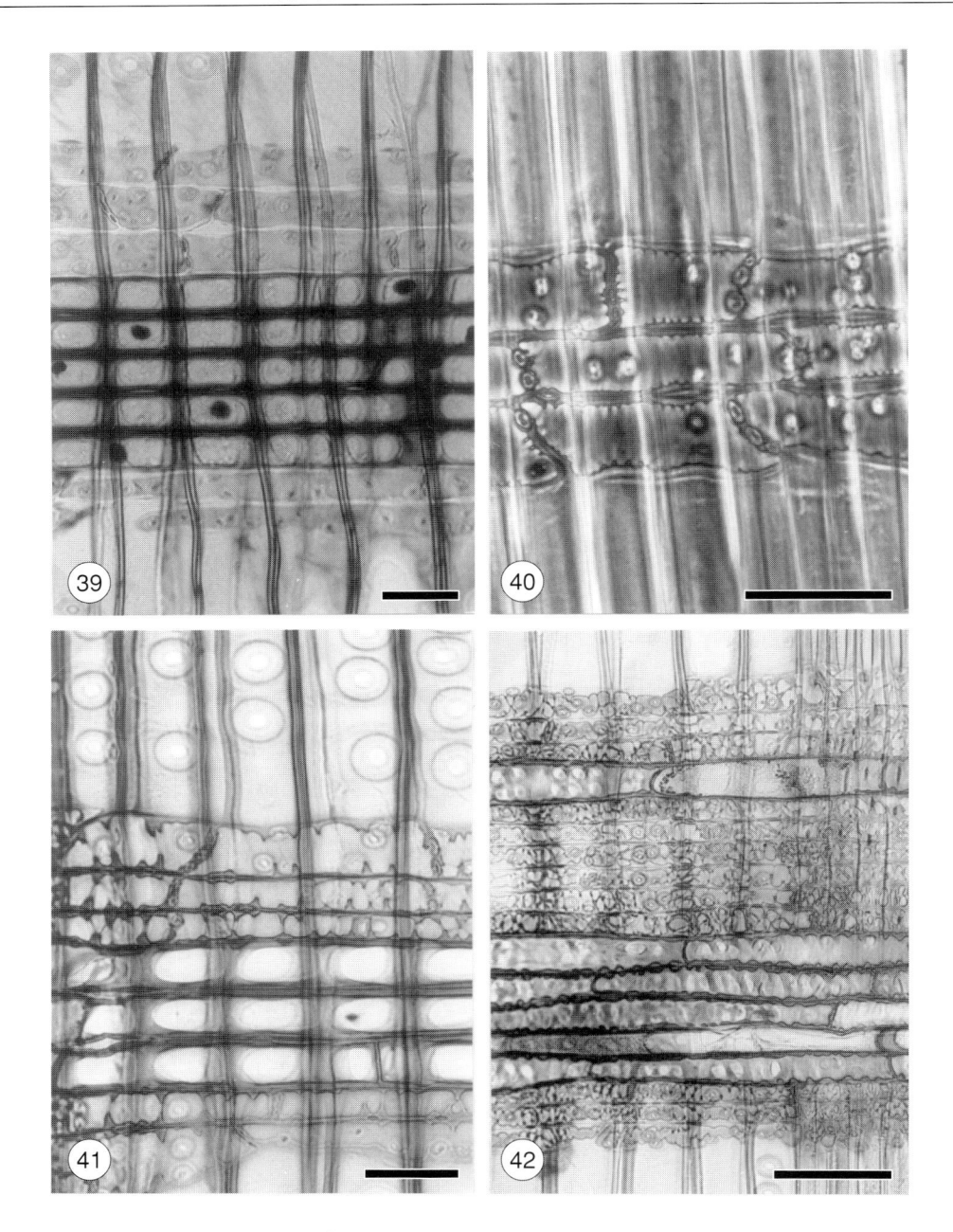

Figs. 39～42. 放射仮道管の細胞壁、柾目切片。—39：細胞壁が平滑(特徴 81)。*Pinus strobus* ストローブマツ。—40：細かな鋸歯状構造に似たらせん肥厚のある細胞壁(特徴 69)。*Picea abies* ドイツトウヒ。—41：細胞壁が鋸歯状、鋸歯状構造が顕著(特徴 82)。*Pinus sylvestris* ヨーロッパアカマツ。—42：細胞壁が網状(特徴 83)。*Pinus ponderosa* ポンデローサマツ。スケールバーは、39～41＝50 μm、42＝100 μm。

放射仮道管の細胞壁 (CELL WALLS OF RAY TRACHEIDS)

81. 平滑 (Smooth)
82. 鋸歯状 (Dentate)
83. 網状 (Reticulate)

定義 (Rol 1932 から適用):

放射仮道管は平滑: 細胞壁には全く装飾的な構造がなく、一般に薄壁。例えば、「軟松類 (soft pines)」(*Pinus* マツ属 *Strobus* 節、例えば、*P. cembra*、*P. lambertiana*、*P. monticola*、*P. strobus* ストローブマツ) (Fig. 39)。

放射仮道管は鋸歯状: 細胞壁は上下の壁から内側に突出する明瞭な鋸歯状の突起物があって厚さが様々で、一般に晩材部に多い (Fig. 41)。これらの鋸歯状突起は、*Pinus* マツ属の *Sylvestris* 節 (例えば *P. densiflora* アカマツ、*P. nigra*、*P. resinosa*、*P. sylvestris* ヨーロッパアカマツ) および *Ponderosa* 節 (例えば *P. contorta*、*P. patula*、*P. pinaster*、*P. ponderosa* ポンデローサマツ、*P. radiata* ラジアータパイン) で非常に顕著であり、例えば *Pinus* マツ属 *Sula* 節 (*P. canariensis*、*P. halepensis*、*P. leucodermis*、*P. longifolia*) および *Kesiya* 節 (*P. kesiya*) ではあまり顕著ではなく水平壁が典型的な波状であり、*Picea* トウヒ属の 2~3 の種では非常に小さく微細な鋸歯状突起も見られる (Phillip 1948)。

放射仮道管は網状: 細胞壁は一般に薄く、細胞壁の上下面から非常に多くの細く先端のとがった歯牙 (鋸歯) 状の突起物が内側に突出し、水平に横断する稜線で融合し、それらが特徴的な網状の様相を呈する。例えば、*Pinus* マツ属 *Taeda* 節 (*P. banksiana*、*P. palustris*、*P. taeda* テーダマツが含まれる) (Fig. 42)。

訳注: 鋸歯状突起の表現は厚さ 10~20 μm 程度の板目切片の光学顕微鏡観察に基づくものであることに注意が必要である。これらの構造は、細胞壁の幅と厚さが先細りの帯状の局所的肥厚によるものであって、細胞内腔への突出構造ではない。特徴 84 の放射仮道管の有縁壁孔の孔口の構造とともに走査電子顕微鏡による詳細な研究が必要である。

注意:

鋸歯状突起を、*Larix* カラマツ属、*Picea* トウヒ属 (Fig. 40) および *Pseudotsuga* トガサワラ属にみられることがあるらせん肥厚と混同しないこと。

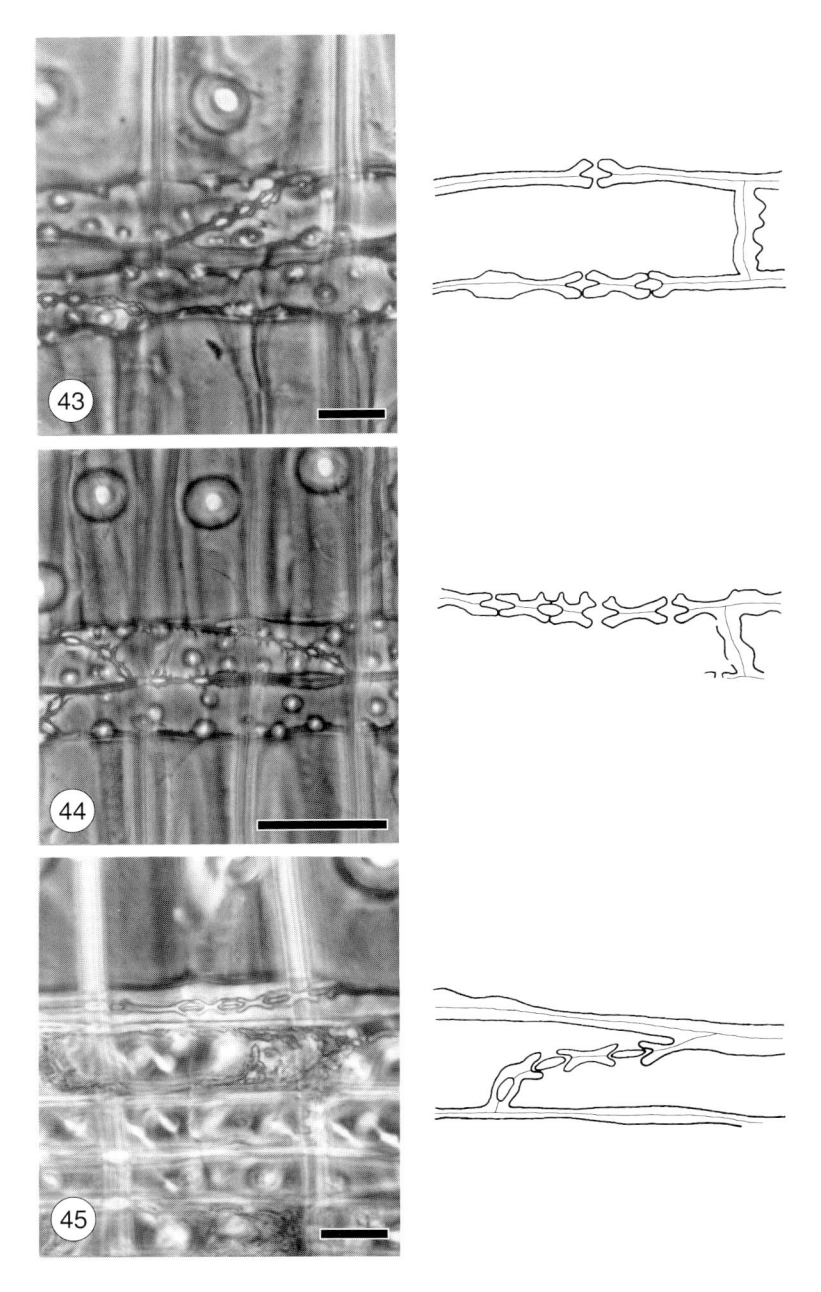

Figs. 43〜45. *Picea* トウヒ属と *Larix* カラマツ属の放射仮道管の壁孔縁、柾目切片(位相差顕微鏡)。—**43**: 壁孔口が狭く、壁孔縁が角張っている(特徴84)。*Picea abies* ドイツトウヒ。—**44**: 壁孔縁が角張り、鋸歯状の肥厚がある(特徴85)。*Picea abies* ドイツトウヒ。—**45**: 壁孔口が広く、壁孔縁は丸みを帯びる。*Larix kaempferi* カラマツ。スケールバーは、43と45=20 μm、44=50 μm。Bartholin(1979)によって描かれた図。

放射仮道管の壁孔縁が角張っているか鋸歯状の肥厚がある（柾目切片）* {RAY TRACHEIDS PIT BORDERS ANGULAR OR WITH DENTATE THICKENINGS(radial section)}*

84. 存在する（Present）

定義：
　放射仮道管の壁孔縁が肥厚し、小さく不規則な固まりが裏打ちしていて、壁孔の開口部は狭い水路のようにみえる（*Picea*-1 型、Fig. 43）こともあり、壁孔縁上にさらに「角」のような鋸歯状の肥厚が張り出すこともある（*Picea*-2 型、Fig. 44）(Bartholin 1979)。

コメント：
　Larix カラマツ属と *Picea* トウヒ属の区別は、*Larix* カラマツ属に典型的な特徴（軸方向仮道管の有縁壁孔が2列、成長輪内の早晩材の移行が急、辺心材の色が異なる）が顕著でなかったり、用いることができない場合、しばしばかなり難しい。Bartholin(1979)およびAnagnostら(1994)によると、この特徴は、かなり大きくかつ広い開口部をもつ *Larix* カラマツ属と対照的な *Picea* トウヒ属の放射仮道管の有縁壁孔の特殊な形態に関するものである(Fig. 45)。

---

*) この特徴は、放射仮道管におけるカラマツ型(Larix-type)とトウヒ型(Picea-type)の有縁壁孔の違いに関するものである。

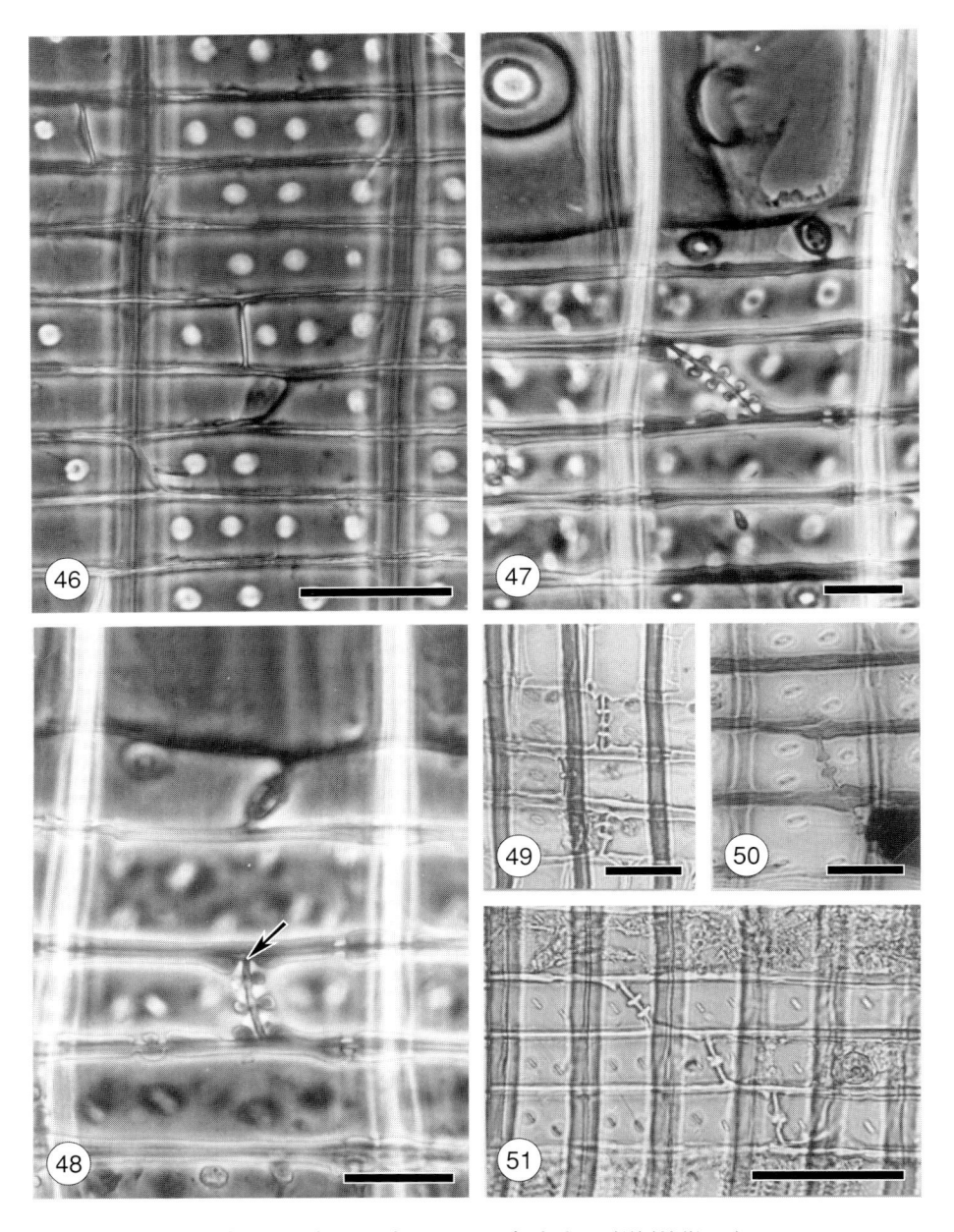

36　解剖学的特徴（ANATOMICAL FEATURES）

Figs. 46～51. 放射柔細胞の末端壁、柾目切片。——46：末端壁は平滑（特徴85）。*Taiwania cryptomerioides* タイワンスギ。——47：末端壁には壁孔が発達（数珠状）（特徴86）。*Larix decidua*。——48：数珠状末端壁（特徴86）とインデンチャー（矢印）（特徴89）。*Larix kaempferi* カラマツ。——49～51：様々な数珠状末端壁、*Juniperus sabina*（Fig. 49）、*Cupressus goveniana*（Fig. 50）、*Juniperus thurifera*（Fig. 51）。スケールバーは、46と51＝50 μm、49と50＝25 μm、47と48＝20 μm。

放射柔細胞の末端壁（END WALLS OF RAY PARENCHYMA CELLS）

85. 平滑（壁孔がない）{Smooth (unpitted)}
86. 明瞭な壁孔をもつ（数珠状）{Distinctly pitted (nodular)}

コメント：
　平滑な末端壁（比較的薄壁で壁孔がほとんど、もしくは、全く無い）は大部分の針葉樹の分類単位の特徴である（Fig. 46）。
　明瞭な壁孔をもつ（「数珠状」とも呼ぶ）末端壁は、Pinaceae（マツ科）の *Abies* モミ属、*Larix* カラマツ属（Figs. 47 と 48）、*Picea* トウヒ属、*Tsuga* ツガ属、および *Pinus* マツ属 *Strobus* 節（例えば *P. cembra*、*P. koraiensis* チョウセンゴヨウ、*P. lambertiana*、*P. monticola*、*P. strobus* ストローブマツ）の特徴である。この構造は、若干異なった様相を呈しているが（それぞれの図版を参照のこと）、*Juniperus* ネズミサシ属の数種、例えば *J. sabina*（Fig. 49）および *J. thurifera*（Fig. 51）、*Calocedrus decurrens* および *C. formosana*、そして *Cupressus goveniana*（Fig. 50）の識別上の特徴である（全て Cupressaceae ヒノキ科）。

　訳注：*Pinus koraiensis* チョウセンゴヨウは、顕著な数珠状末端壁を有しない。

注意：
　「明瞭な壁孔をもつ」という特徴は、*Abies* spp. モミ属で見られるような、よく発達した場合にのみコード化して、識別に用いるべきである。

　訳注：注意は、数珠状末端壁の発達程度（見え方の程度）には変異が大きいので、コード化が的確にされているかどうか疑わしい分類単位があり得ることを示唆している。

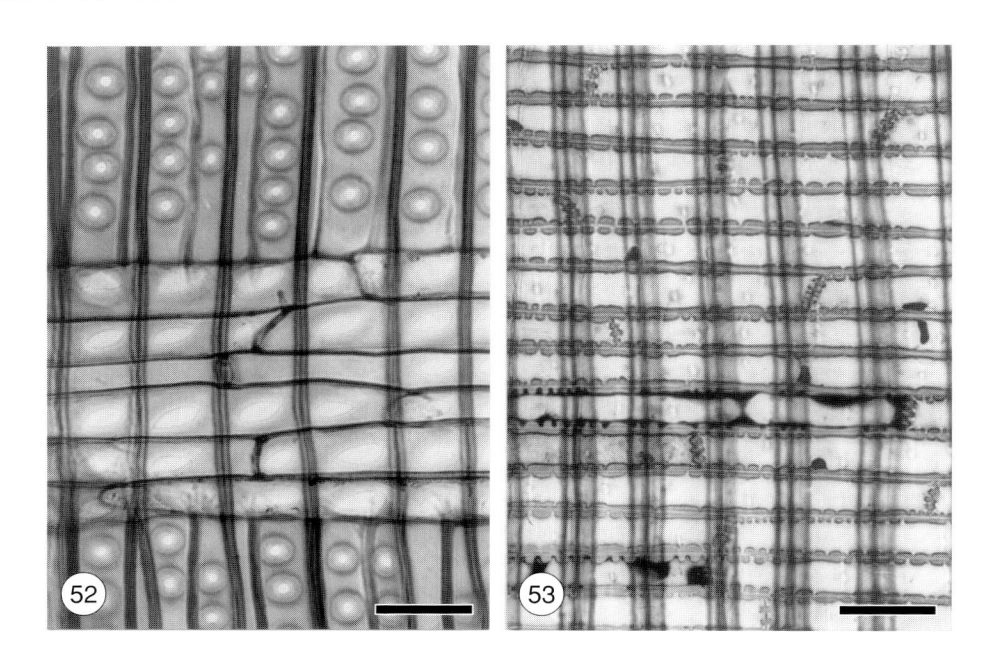

Figs. 52 と 53. 放射柔細胞の水平壁、柾目切片。——**52**：水平壁は平滑であり（特徴 87）、末端壁も平滑（特徴 85）。*Sciadopitys verticillata* コウヤマキ。——**53**：水平壁には顕著な壁孔があり（特徴 88）、末端壁は数珠状（特徴 86）。*Abies alba*。スケールバーは、52 と 53＝50 μm

放射柔細胞の水平壁（HOLIZONTAL WALLS OF RAY PARENCHYMA CELLS）

87. 平滑（壁孔がない）{Smooth (unpitted)}
88. 明瞭な壁孔をもつ（Distinctly pitted）

　放射柔細胞の上下面の水平壁は、平滑である（壁孔がない）または明瞭な壁孔をもつ。水平壁に壁孔をもつ放射柔細胞は、Pinaceae マツ科の数属 {例：*Abies* モミ属（Fig. 53）、*Cathaya* 属、*Cedrus* ヒマラヤスギ属、*Keteleeria* 属、*Larix* カラマツ属、*Nothotsuga* 属、*Pseudotsuga* トガサワラ属、*Tsuga* ツガ属} に限られるようである。他の大多数の針葉樹類の分類単位は、平滑な水平壁をもつ（Fig. 52）。

　注意：
　「明瞭な壁孔をもつ」という特徴は、顕著に発達する場合にだけコード化して識別に用いるべきである。例えば *Abies* spp. モミ属。

インデンチャー（INDENTURES）

89. 存在する（Present）

定義：
インデンチャー：柾目面で見たときに、放射組織細胞の水平壁が垂直の末端壁と接する箇所における水平壁の窪み（Fig. 48）。インデンチャーは、Peirce（1936）が命名した用語であり、水平壁が垂直壁に接する箇所に微小な壁孔様の窪みのように見える。この構造は、針葉樹類の中でAraucariaceae ナンヨウスギ科を除くすべての科に認められる。ただし、Podocarpaceae マキ科では *Podocarpus salignus* と *Dacrycarpus dacrydioides*（=*Podocarpus dacrydioides*）にだけ認められる（Phillips 1948）。Yatsenko-Khmelevsky（1954）によると、インデンチャーは *Cedrus* ヒマラヤスギ属、*Keteleeria* 属および *Pinus* マツ属（Pinaceae マツ科）ではあまり発達しないかまたは存在しないが、広義の Cupressaceae ヒノキ科（Farjon 2001 による）、すなわち *Thuja plicata* ベイスギ、*T. occidentalis* ニオイヒバ、*Juniperus* ネズミサシ属、*Taxodium* ヌマスギ属および *Cryptomeria japonica* スギ（Core ら 1979）では、識別のために多少は重要であると考えられている。インデンチャーは *Taiwania cryptomerioides* タイワンスギでも頻出し、顕著であると報告されている（Peirce 1936）。

注意：
間違って識別するのを避けるためには、この特徴は大変注意深く用いるべきで、インデンチャーの発達が僅かで出現がまれな場合には用いないようにすること。

顕微鏡観察の際には、次亜塩素酸ナトリウムやジャベル水（eau de javelle）［訳注：次亜塩素酸ナトリウム（NaClO）の水溶液］などの適当な漂白剤で切片から抽出成分を除去した方がよい。

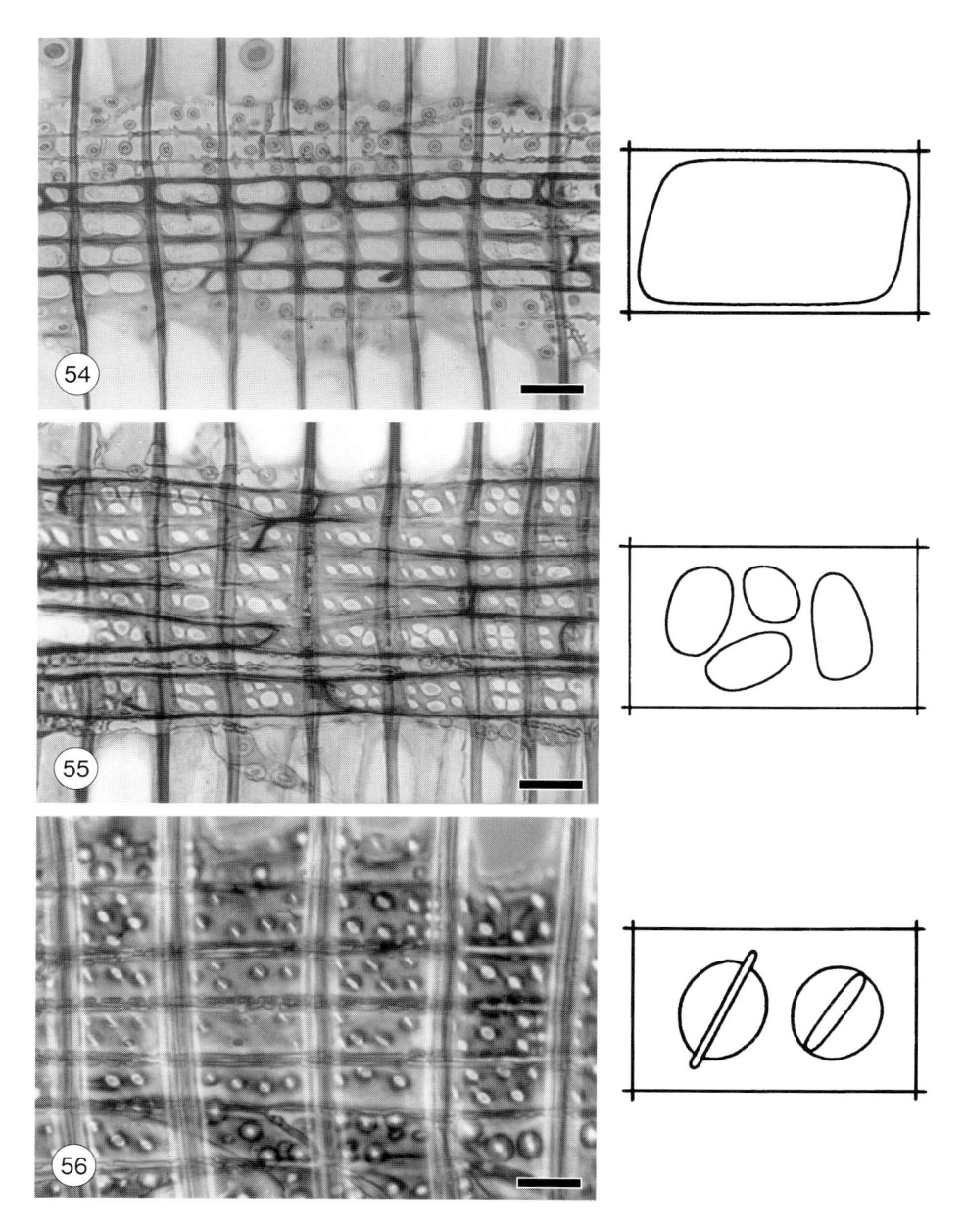

Figs. 54〜56. 分野壁孔、柾目切片。——**54**：「窓状」(特徴 90)。*Pinus sylvestris* ヨーロッパアカマツ。——**55**：マツ型(特徴 91)。*Pinus ponderosa* ポンデローサマツ。——**56**：トウヒ型(特徴 92)。*Picea abies* ドイツトウヒ(位相差顕微鏡)。スケールバーは、54 と 55 = 50 μm、56 = 20 μm。

分野壁孔（CROSS-FIELD PITTING）

分野壁孔（CROSS-FIELD PITTING）{Phillips(1948)により考案、Vogel(1995)により修正}

90. 窓状 {"Window-like"（fenestriform）}
91. マツ型（Pinoid）
92. トウヒ型（Piceoid）
93. ヒノキ型（Cupressoid）
94. スギ型（Taxodioid）
95. ナンヨウスギ型（Araucarioid）

定義：
分野：一つの軸方向仮道管と一つの放射柔細胞の壁が交差することによって区切られる領域。
分野壁孔：放射柔細胞と軸方向仮道管が接触するこれら領域（分野）に現れる壁孔で、早材部に限定し、放射組織の全域（中央部および縁辺部の細胞）を観察すべきである。

訳注：針葉樹の木部放射組織は基本的に単列であり、中央部（body）と縁辺部の細胞列（marginal rows）を区別することは無理である。

タイプ：
分野壁孔は、針葉樹材の同定のためにきわめて重要である。分野壁孔の特徴は、頻度、配列、形、大きさ、それに壁孔縁に対する孔口の相対的位置を含む。このIAWAによる特徴リストでは、Phillips(1948)が推奨した区分けを採用し、これにBarefootとHankins(1982)が用い、Vogel(1995)が追認しているもう一つのタイプ「ナンヨウスギ型（Araucarioid）」を追加して修正している。針葉樹材の記載や同定のため、以下の分野壁孔型を提案する：

「**窓状**」：通常1～2個の大きな単壁孔または見かけ上の単壁孔をもつ（Fig. 54）。このような分野のほぼ全域を占める大きな正方形ないし長方形の壁孔は、*Pinus* マツ属（Pinaceae マツ科）の *Sylvestris* 節および *Strobus* 節で認められる。Rol(1932)によると、*Pinus kesiya* や *P. merkusii* メルクシマツでは一つの分野内に3個以上の大きな単壁孔（もしくはそれに近い）が見られるが、これらの種も窓状壁孔をもつ分類単位に含めるべきかもしれない。これらの他にPhillips(1948)により列挙されているのが、*Lagarostrobos*（*Dacrydium*）属、*Sundacarpus amarus*（=*Podocarpus amarus*）（Podocarpaceae マキ科）、*Phyllocladus* 属（Phyllocladaceae）、*Sciadopitys* コウヤマキ属（Sciadopityaceae コウヤマキ科）である。

「**マツ型**」：分野壁孔は1～6個で、3個以上が普通の、マツ型壁孔（Fig. 55）。それらの壁孔は分野あたりの壁孔の数によって小さいものからかなり大きいものまであり、単壁孔もしくは発達の悪い壁孔縁をもち、概ね矩形を呈する「窓状」壁孔とは異なり、しばしば不規則な形状である。*Pinus* マツ属のうち、大きな「窓状」をもつ節を除くすべての節に見られる。

「**トウヒ型**」：分野壁孔はトウヒ型（Fig. 56）。トウヒ型壁孔は、狭くスリット状でしばしば両端がはみ出ている孔口の幅よりもずっと幅広い壁孔縁をもつ、例えば *Larix* spp. カラマツ属、*Picea* spp. トウヒ属、*Pseudotsuga* spp. トガサワラ属、*Tsuga* spp. ツガ属（いずれも Pinaceae マツ科）。このタイプは *Cedrus* spp. ヒマラヤスギ属（Pinaceae マツ科）にも認められる。圧縮あて材をもつ試料の場合には充分な注意を払う必要がある（Ilic 1995）。

「**ヒノキ型**」：分野壁孔はヒノキ型（Fig. 57）。ヒノキ型壁孔は、孔口が長楕円形で壁孔縁の境界内に収まっている（はみ出すことが多いトウヒ型とは対照的）。孔口幅は壁孔縁の幅よりも明らかに狭い。孔口の長軸の向きは、一つの試料内でも軸方向から水平方向まで変化に富む。このタイプの壁孔はヒノキ科の大多数（*Thuja* ネズコ属のみが例外）に特徴的で、Podocarpaceae マキ科と Taxaceae イチイ科にも現れる。

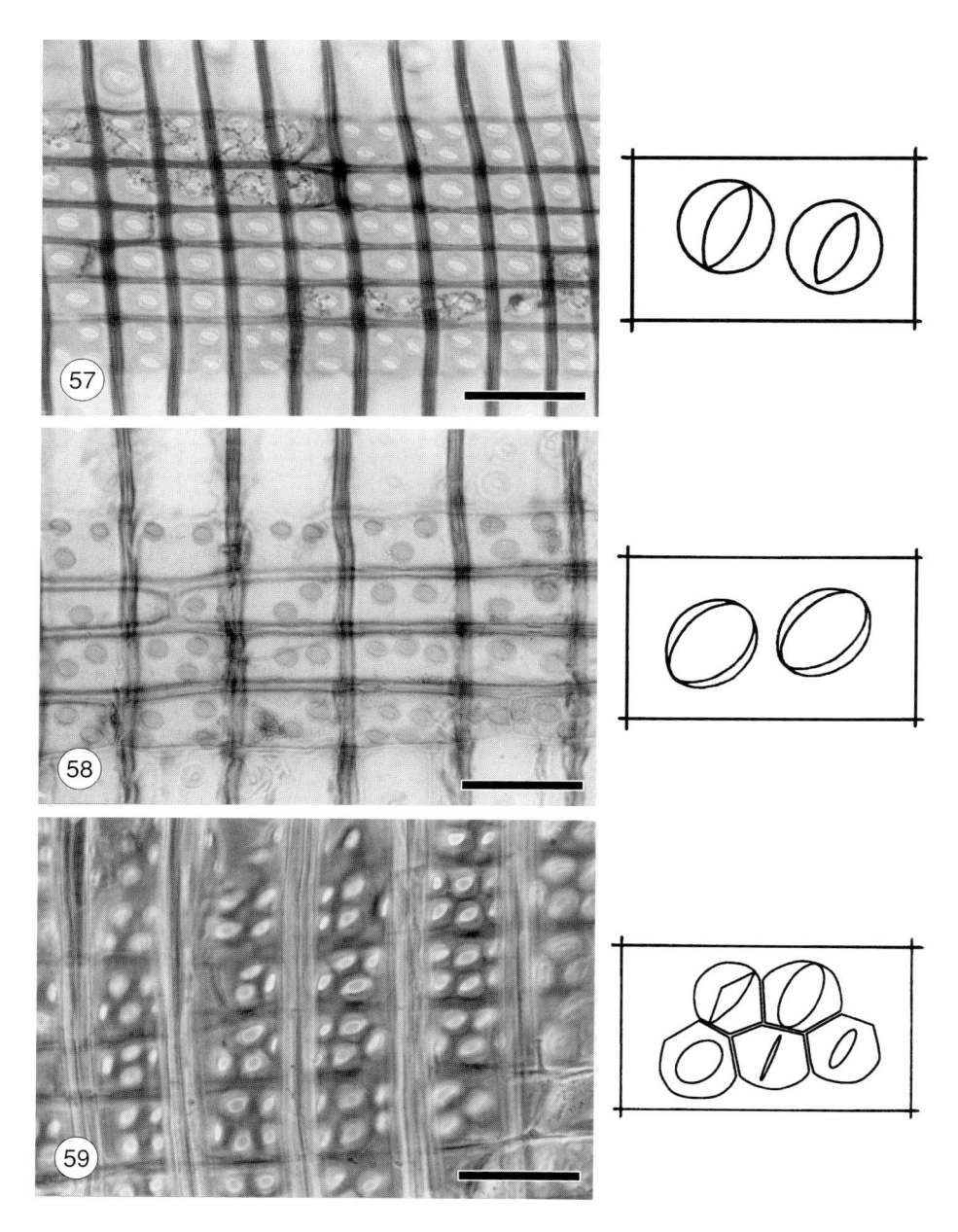

Figs. 57〜59. 分野壁孔、柾目切片。—**57**：ヒノキ型(特徴 93)。*Juniperus communis*。—**58**：スギ型(特徴 94)。*Taxodium distichum* ヌマスギ。—**59**：ナンヨウスギ型(特徴 95)。*Araucaria araucana*(位相差顕微鏡)。スケールバーは、57〜59＝50 μm。

「**スギ型**」：分野壁孔はスギ型(Fig. 58)。スギ型壁孔は、孔口が大きく、卵形ないし円形を呈し、輪内孔口。孔口幅は壁孔縁の最も幅の広い部分と比べても広い。スギ型の壁孔は従来の Taxodiaceae スギ科(現在は Cupressaceae ヒノキ科に含まれる)の大半の分類単位に見られるが、*Abies* モミ属と *Cedrus* ヒマラヤスギ属(いずれも Pinaceae マツ科)、*Thuja* ネズコ属(Cupressaceae ヒノキ科)、それに Podocarpaceae マキ科の数種にも見られる。Cupressaceae ヒノキ科の一部、とりわけ *Sequoia* セコイア属と *Taxodium* ヌマスギ属では、縁辺部の細胞を除き、一つの分野あたり2〜3個(まれに5個まで)の壁孔が連なるのが普通である。

「**ナンヨウスギ型**」：分野壁孔はナンヨウスギ型(Barefoot と Hankins 1982；Vogel 1995) (Fig. 59)。個々の壁孔は大部分がヒノキ型(孔口が長楕円形の輪内孔口で、壁孔縁よりも明確に狭い、Ilic 1995)であるが、分野内における配列が独特である。普通には3個以上の壁孔が密集傾向をもって交互状に配列する。個々の壁孔の輪郭は、Araucariaceae ナンヨウスギ科の交互配列する仮道管相互壁孔と同様に、しばしば多角形を呈する。ナンヨウスギ型の分野壁孔は、Araucariaceae ナンヨウスギ科(*Agathis* アガチス属、*Araucaria* ナンヨウスギ属、*Wollemia* 属)に限られる。

コメント：
この IAWA 特徴リストで採用しなかった分野壁孔のある定量的な特徴について、分類単位の区別に役立つという知見も報告されている。Chavchavadze(1979)によると、一つの分野あたりの壁孔列の数は Cupressaceae ヒノキ科の一部を識別するのに適用できるかも知れない(例：*Sequoia* セコイア属では5列まで、*Metasequoia* メタセコイア属と *Taxodium* ヌマスギ属では4列まで、*Sequoiadendron* 属では3列まで)。

注意：
壁孔の孔口は圧縮あて材では著しく変形している。Araucariaceae ナンヨウスギ科では分野壁孔が時には密集しないため、ヒノキ型の方が輪郭が一定しているという違いはあるものの、ヒノキ型と同じように見えることがある。常に早材部の分野を数多く観察して、最も普通の分野壁孔型を決めること。

特に「トウヒ型」と「ヒノキ型」の間、そして「ヒノキ型」と「スギ型」の間にも、中間的な分野壁孔のタイプがよく現れる。

分野あたりの壁孔の数（早材仮道管に限る）{NUMBER OF PITS PER CROSS-FIELD（earlywood tracheids only）}

96. **分野あたりの壁孔の数（分野あたりの数）**{Number of pits per cross-field（number per cross-field）}

手順：
分野あたりの壁孔の数は早材部において測定し、少なくとも25個（なるべく多く）の分野について測定する必要がある。求めた値は任意の分類単位における最も普通の値を示すべきである。

例：
1つの分野あたりの壁孔が1個存在するのは、*Pinus* マツ属（Pinaceae マツ科）の *Sylvestris* 節（例：*P. densiflora* アカマツ、*P. nigra*、*P. resinosa*、*P. sylvestris* ヨーロッパアカマツ）と *Strobus* 節（例：*P. cembra*、*P. koraiensis* チョウセンゴヨウ、*P. lambertiana*、*P. monticola*、*P. strobus* ストローブマツ）、*Phyllocladus* 属（Phyllocladaceae）、Podocarpaceae マキ科のいくつかの分類単位｛例：*Lagarostrobos* (Dacrydium) 属、*Manoao* (Dacrydium) 属、*Microstrobos* 属、*Sundacarpus amarus*（=*Podocarpus amarus*）｝でごく普通に見られる。

1つの分野あたりの壁孔が2個存在するのは、*Chamaecyparis* ヒノキ属と *Cryptomeria* スギ属、*Cunninghamia* 属（いずれも Cupressaceae ヒノキ科）、*Taxus* イチイ属（Taxaceae イチイ科）でごく普通に見られる。

1つの分野あたりの壁孔が3～4個存在するのは、*Sequoia* セコイア属と *Taxodium* ヌマスギ属（Cupressaceae ヒノキ科）、*Torreya* カヤ属（Taxaceae イチイ科）、それに *Pinus* マツ属（Pinaceae マツ科）の *Ponderosa* 節（例：*P. contorta*、*P. patula*、*P. pinaster*、*P. ponderosa* ポンデローサマツ、*P. radiata* ラジアータパイン）と *Sula* 節（例：*P. canariensis*、*P. halepensis*、*P. leucodermis*、*P. longifolia*）で普通に見られる。

1つの分野あたりの壁孔が4個以上存在するのは、*Pinus* マツ属（Pinaceae マツ科）の *Taeda* 節（例：*P. banksiana*、*P. caribaea*、*P. echinata*、*P. palustris*、*P. taeda* テーダマツ）、それに *Agathis* アガチス属と *Araucaria* ナンヨウスギ属（Araucariaceae ナンヨウスギ科）でごく普通に見られる。

訳注：4 pits/field の例示が 3～4個 と 4個以上 で重複している。

注意：
これらの区分は画然とできるものではない。なるべく数多くの分野の観察に基づき判断すること。任意の分類単位あるいは試料において、一分野内の壁孔数が大多数の分野を代表していることを確認すること。

分野あたりの壁孔の数（早材に限る、区分）{NUMBER OF PITS PER CROSS-FIELD（earlywood only - categories）}

97. **（大きな窓状）1～2個** {（large window-like）1～2}
98. **1～3個** (1～3)
99. **3～5個** (3～5)
100. **6個以上** (6 or more)

解剖学的特徴（ANATOMICAL FEATURES）

放射組織の大きさ（RAY SIZE）

ノート：
　放射組織の高さと幅に関するすべての特徴は、特に記さない限り、細胞間道をもつ放射組織（「紡錘形放射組織」）を除外している。

放射組織の平均高さ（AVERAGE RAY HEIGHT）

101. 放射組織の平均高さ（μm）{Average ray height（μm）}

手順：
　放射組織の高さ（単位μm）は板目切片で求める。少なくとも25個の放射組織を無作為に選んで測定し、平均と標準偏差、範囲を算出する。

コメント：
　いくつかの分類単位、例えば *Abies* モミ属では、極端に高い放射組織を数多くもつことが分類単位に特有と考えられる（例えば Greguss 1955 を参照）。そのような高い放射組織の存在を数値（平均と範囲）で的確に表現できない場合には、その際立った特徴を該当するコメントに記録すべきである。

注意：
　若い幹の木部では、放射組織がかなり低くなる傾向があるので、放射組織の高さを測定しないようにすること。

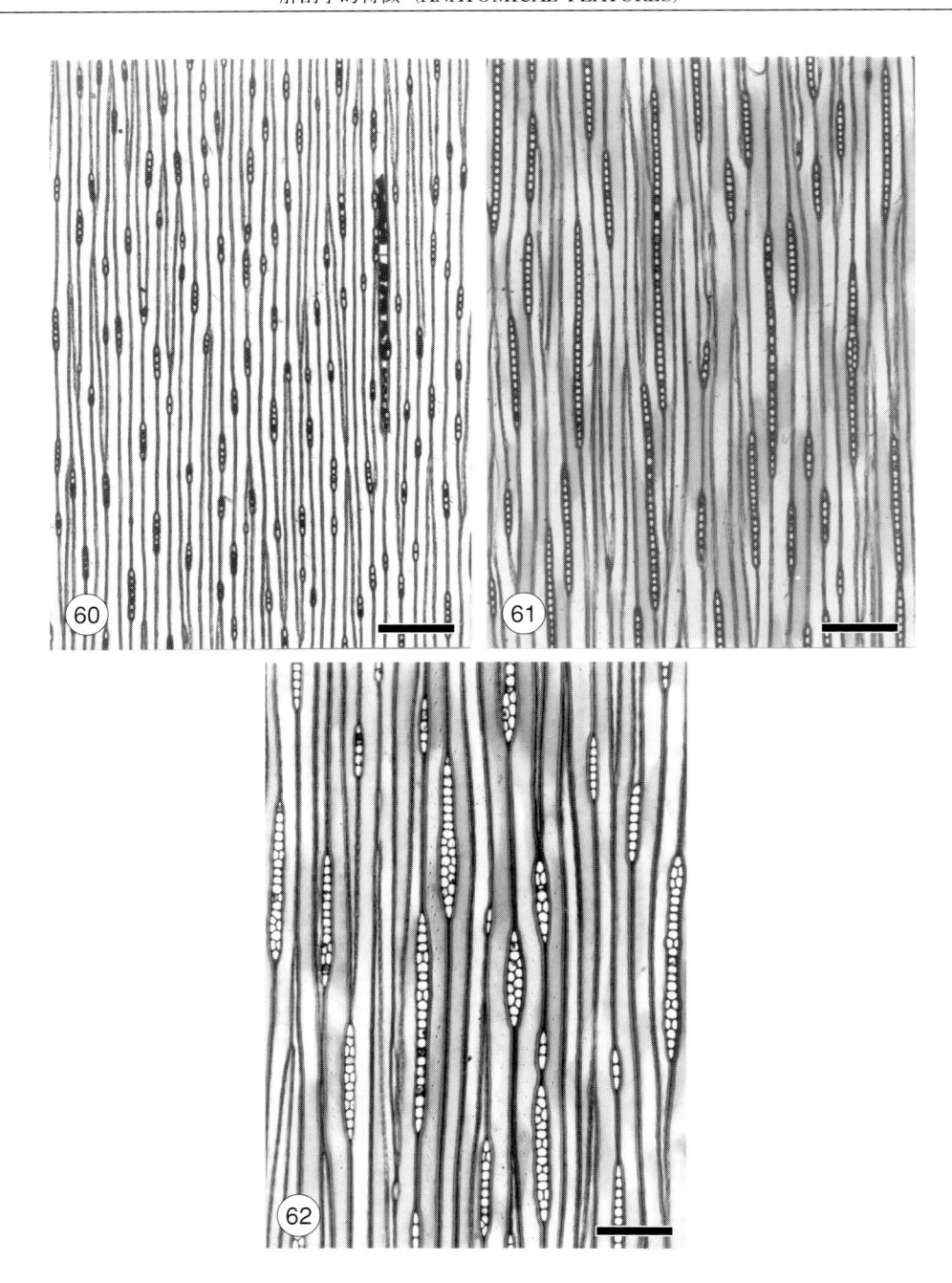

Figs. 60～62. 放射組織の大きさ、板目切片。—**60**：放射組織がきわめて低い(4 細胞まで、特徴 102)。*Chamaecyparis thyoides*。—**61**：放射組織がきわめて高い(30 細胞を超える、特徴 105)。*Cedrus deodara* ヒマラヤスギ。—**62**：放射組織が部分的に 2～3 列(特徴 108)(但し、この写真では 2 列まで)、仮道管接線壁の小さな有縁壁孔にも注目。*Sequoia sempervirens* セコイア(レッドウッド、センペルセコイア)。スケールバーは、60～62＝200 μm。

放射組織の平均高さ（細胞数）{AVERAGE RAY HEIGHT(number of cells)}

102. きわめて低い（4 細胞以下）{Very low(up to 4 cells)}
103. 中庸（5〜15 細胞）{Medium(5 to 15 cells)}
104. 高い（16〜30 細胞）{High(from 16 to 30 cells)}
105. きわめて高い（30 細胞を超える）{Very high(more than 30 cells)}

コメント：
　Figs. 60 と 61 は、きわめて低い放射組織（特徴 102）ときわめて高い放射組織（特徴 105）の例である。

注意：
　文献や古い検索項目からの情報を注意深く確かめて、放射組織の**平均**高さのデータだけがそれぞれの区分に入力されていることを確認すること。

紡錘形放射組織の平均高さ（AVERAGE FUSIFORM RAY HEIGHT）

106. 紡錘形放射組織の平均高さ（μm）{Average fusiform ray height(μm)}

手順：
　放射細胞間道をもつ放射組織は、板目切片でみたときの形状から紡錘形放射組織と呼ばれる。この放射組織の高さ（μm）は、板目切片で求める。少なくとも 25 個の紡錘形放射組織を無作為に選んで測定し、平均と標準偏差、範囲を算出すべきである。放射組織の上下両端に伸びる単列部を含めて、放射組織の全体を確実に測定すること。

コメント：
　いくつかの分類単位、例えば *Pinus* spp. マツ属、とりわけ white pine 類 {*Strobus* 節（例：*P. cembra*、*P. koraiensis* チョウセンゴヨウ、*P. lambertiana*、*P. monticola*、*P. strobus* ストローブマツ）；Pinaceae マツ科} では、放射組織両端の単列部が非常に高い。もしこのような高い放射組織の存在を数値（平均と範囲）で的確に表現できない場合には、この際立った特徴を該当するコメントに記録すべきである。

注意：
　若い幹の木部では、放射組織がかなり低くなる傾向があるので、放射組織の高さを測定しないようにすること。

放射組織の幅（細胞幅）{RAY WIDTH(cells)}

107. すべて単列（Exclusively uniseriate）
108. 一部が 2〜3 列（2〜3-seriate in part）

定義：
　すべて単列：文字通りの特徴（組織の一部が 2 列になっている放射組織が非常に散発的に現れる場合も含む）。
　一部が 2〜3 列：大きめの放射組織の約 10 ％が、少なくとも高さ方向の全域近くにわたり 2 列である（Fig. 62）。

　訳注：「大きめ（larger）」は定義されていないが、視覚的に認識しやすくかつ識別的特徴であることが多いので、他の定量的・半定量的な特徴区分として採用すべきであった。数値的特徴を求める場合には、

同時に測定しておくことを推奨する。

コメント：
ほとんどの針葉樹材では放射組織は単列(組織の一部が2列になっている放射組織が非常に散発的に現れる場合も含む)であるが、中には(単列の放射組織とともに)かなりの数の2または3列の放射組織をもつものもある、例えば *Sequoia sempervirens* セコイア(レッドウッド、センペルセコイア)および *Cupressus macrocarpa* (Cupressaceae ヒノキ科) (Phillips 1948)。Peirce (1937) は、*Fitzroya* 属、*Thujopsis* アスナロ属および *Calocedrus* 属(Cupressaceae ヒノキ科)にも2列の放射組織を記載している。

ノート：
木口切片での放射組織細胞の輪郭は、板目面で見られるのと同じように、変化に富むことがあり、一部の研究者(Core ら 1979、Roig 1992)によって他の点では非常に類似した分類単位を識別するために用いられてきた。この特徴は、このリストには含まれていない。しかし、細胞の形に関する情報はそれぞれの関連するコメントに記録し、記載してもよい。

細胞間道 (INTERCELLULAR CANALS)

定義：
細胞間道：エピセリウムに囲まれた管状の細胞間腔であり、エピセリウム細胞が分泌した二次的な植物の生産物を通す。針葉樹材の細胞間道 {同義語：樹脂溝(resin ducts)、樹脂道(resin canals)} の命名法は Wiedenhoeft と Miller (2002) によって明示されている。エピセリウムは細胞間道に面する単層の細胞群である。エピセリウムの周りにある残りの柔細胞とそこに取り込まれた仮道管またはストランド仮道管は、副細胞である。細胞間道、エピセリウムおよび副細胞で構成される全体の一まとまりが、樹脂道複合体である。細胞間道は、軸方向{軸方向(垂直)細胞間道}または放射方向{放射(水平)細胞間道、放射組織内にある}に配列する。軸方向および放射方向の細胞間道は、通常互いに接続して3次元的なネットワークを構成している。

針葉樹では、正常な細胞間道は Pinaceae マツ科の数属、すなわち：*Keteleeria* 属(軸方向のみ)、*Larix* カラマツ属、*Picea* トウヒ属、*Pinus* マツ属、*Pseudotsuga* トガサワラ属(以上4属、軸方向と放射方向の両方)にだけ存在する。傷害細胞間道(軸方向と放射方向のどちらか一方または両方)は、それら正常な細胞間道をもつ分類単位および Pinaceae マツ科に属するその他の多くの分類単位にも現れる。

訳注：Intercellular canal＝Tubular intercellular cavity

軸方向細胞間(樹脂)道 {AXIAL INTERCELLULAR (RESIN) CANALS}

109. 存在する（Present）

コメント：
季節のはっきりした地域に生育する Pinaceae マツ科では、軸方向細胞間道は主に(常にというわけではないが)晩材部に認められる。亜熱帯性および熱帯性の分類単位では、軸方向細胞間道はもっと均一に分布する。軸方向細胞間道はたいてい単独で(孤立して)現れるが、時には対をなして(例：*Pseudotsuga* トガサワラ属および *Larix* カラマツ属の多くの種)、あるいは接線方向に少数が集合して現れることもある (Figs. 63～66)。

エピセリウム細胞の形態によっては(対応する特徴を参照)、細胞間道は2つのタイプに分けられ

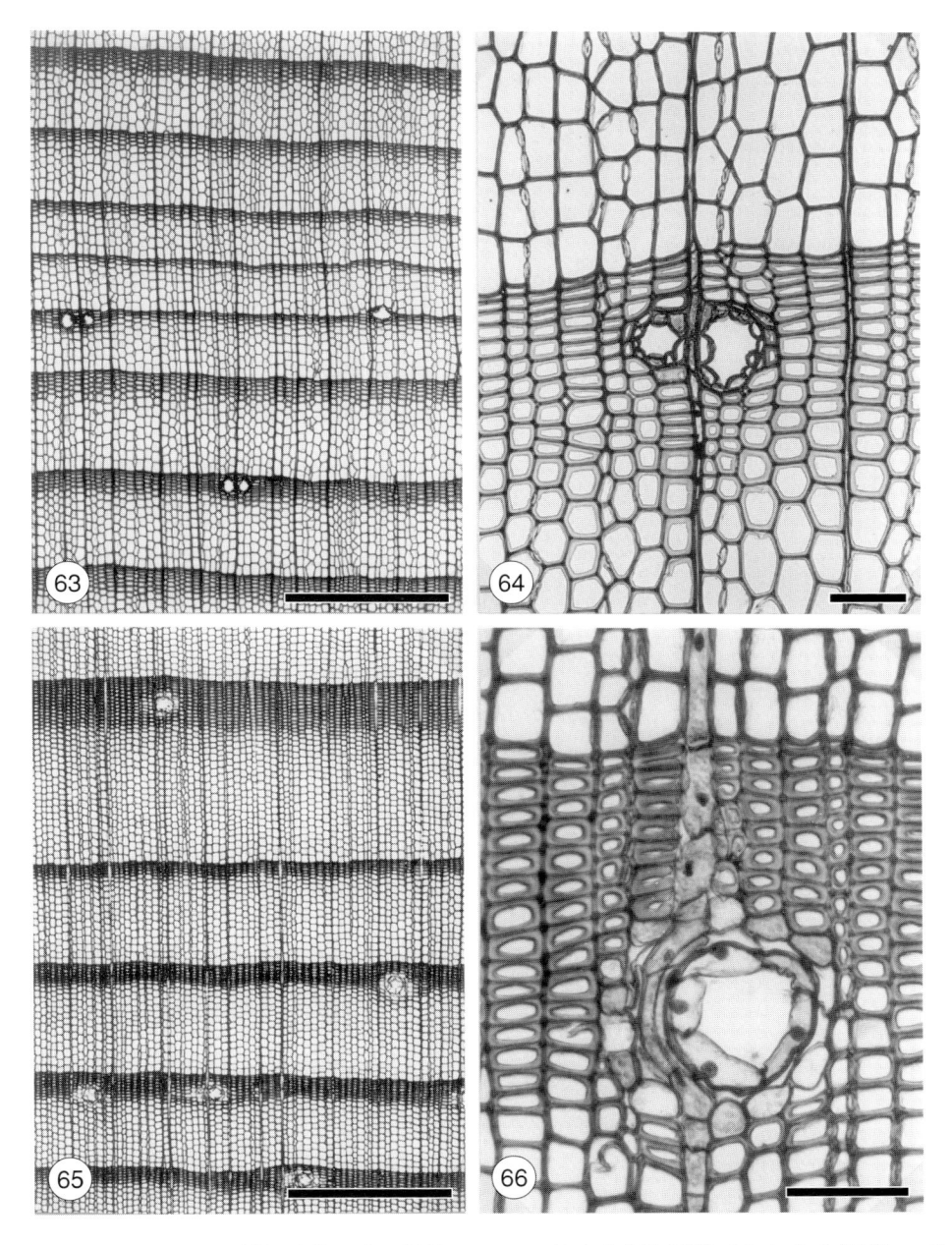

解剖学的特徴（ANATOMICAL FEATURES）

Figs. 63～66. 軸方向細胞間(樹脂)道、木口切片。——**63**：軸方向細胞間道が存在する(特徴 109)。*Larix decidua*。——**64**：細胞間道のエピセリウム細胞が厚壁(特徴 116)。*Larix decidua*。——**65**：軸方向細胞間道が存在する(特徴 109)。*Pinus sylvestris* ヨーロッパアカマツ。——**66**：細胞間道のエピセリウム細胞が薄壁(特徴 117)。*Pinus sylvestris* ヨーロッパアカマツ。スケールバーは、63 と 65 ＝ 1 mm、64 と 66 ＝ 100 μm。

る。すなわち、主に厚壁のエピセリウム細胞による狭い細胞間道(*Pseudotsuga*トガサワラ属、*Picea*トウヒ属、*Larix*カラマツ属)と薄壁のエピセリウム細胞による幅の広い細胞間道(*Pinus*マツ属)に分けられる(Grosser 1977)。

注意：
多くの場合、考古学的試料はほんの爪楊枝程度の小片でしかない。このような試料はせいぜい1成長輪、あるいは成長輪の一部だけしか含んでいないことがよくあり、そのため軸方向樹脂道がそれほど頻出しない場合、観察できないこともある。従って、必ず板目面において放射細胞間道を含む紡錘形放射組織を調べるようにする。放射細胞間道が存在すれば、「軸方向細胞間道が存在する」の特徴も条件付きで記録して同定に用いることができる。

放射細胞間(樹脂)道 {RADIAL INTERCELLULAR(RESIN)CANAL}

110. 存在する (Present)

放射細胞間道は例外なく放射組織内にだけ存在する(Fig. 67)。細胞間道をもつ放射組織は、板目切片での形状から、紡錘形放射組織と称される。Pinaceaeマツ科では、*Larix*カラマツ属、*Picea*トウヒ属、*Pinus*マツ属、*Pseudotsuga*トガサワラ属が軸方向細胞間道とともに放射細胞間道をもつ。針葉樹類では、放射細胞間道だけをもつ分類単位は知られていない。

傷害細胞間(樹脂)道(軸方向、放射方向) {TRAUMATIC(RESIN)CANALS(axial, radial)}

111. 存在する (Present)

定義：
傷害樹脂道は、一般に大径で、輪郭が一定せず、接線方向に連なることが多い。
傷害樹脂道は、正常な細胞間道をもつ分類単位とともに、正常材には細胞間道をもたないPinaceaeマツ科およびその他の科の多くの分類単位でも形成される。
Engler(1954)、Phillips(1948)、それにBannan(1936)によると、樹脂道はPinaceaeマツ科において以下の組み合わせで現れる。*Larix*カラマツ属、*Picea*トウヒ属、*Pinus*マツ属、*Pseudotsuga*トガサワラ属は、正常な軸方向樹脂道および放射樹脂道を形成し、外的な攪乱があった場合には軸方向(Fig. 69)および放射方向の傷害樹脂道も形成する。*Keteleeria*属は、正常樹脂道と傷害樹脂道の両方ともに、軸方向樹脂道だけを形成する。*Cedrus*ヒマラヤスギ属は軸方向樹脂道とともに放射樹脂道も形成するが、その形状の不規則さと大きな寸法(Figs. 68と70)から、いずれも傷害に由来すると考えられている(PearsonとBrown 1932)。*Abies*モミ属と*Tsuga*ツガ属は正常な細胞間道を形成しないが、極めてまれに軸方向の傷害樹脂道を形成することがある。BaileyとFaull(1934)は*Sequoia sempervirens*セコイア(レッドウッド、センペルセコイア)(Cupressaceaeヒノキ科)で傷害樹脂道がときおり認められることを報告している。

正常な軸方向細胞間道の平均直径 (AVERAGE DIAMETER OF NORMAL AXIAL INTERCELLULAR CANALS)

112. エピセリウム細胞で区切られる接線径(方法A)(μm) {Tangential diameter, delimited by epithelial cells(Method A)(μm)}
113. 樹脂道複合体全体の接線径(方法B)(μm) {Tangential diameter of entire resin canal complex (Method B)(μm)}

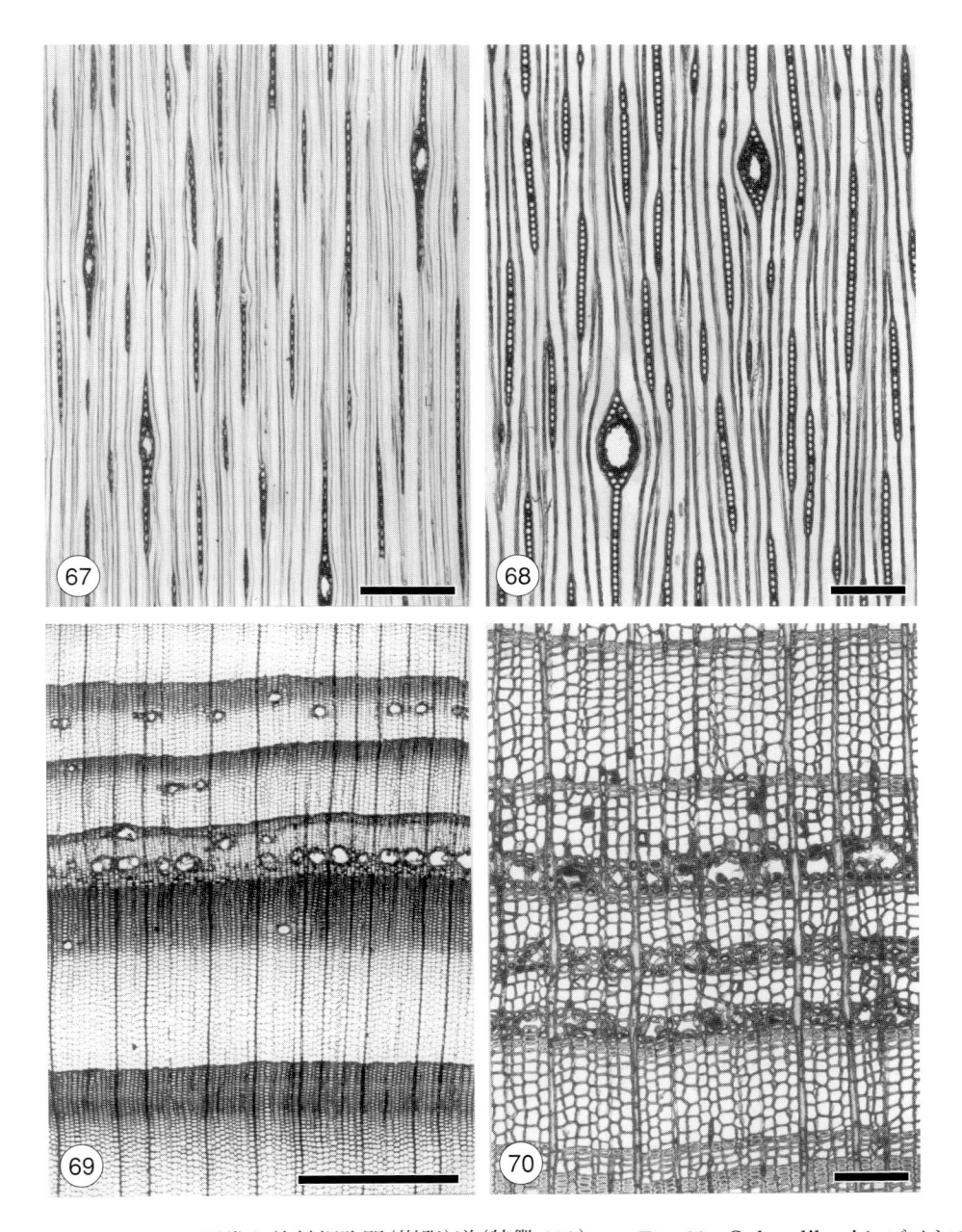

解剖学的特徴（ANATOMICAL FEATURES） 51

Fig. 67. *Larix decidua* の正常な放射細胞間(樹脂)道(特徴 110)。—Fig. 68. *Cedrus libani* レバノンスギの傷害放射細胞間(樹脂)道、板目切片。—Fig. 69. 接線方向に並ぶ *Pseudotsuga menziesii* ベイマツの軸方向傷害細胞間(樹脂)道、木口切片。—Fig. 70. 接線方向へ3列に並ぶ *Cedrus libani* レバノンスギの軸方向傷害細胞間(樹脂)道。スケールバーは、67 と 68、70 = 200 μm、69 = 1 mm。

114. エピセリウム細胞で区切られる放射径(方法 C)(μm) {Radial diameter, delimited by epithelial cells(Method C)(μm)}

手順：
　軸方向細胞間道の直径は木口切片で測定する。大きいもの、あるいは小さいものに偏って選択しないように注意して、測定に用いる細胞間道を選ぶようにする。
　方法 A では、樹脂道の接線径は、エピセリウム細胞を含めて、開口部の幅が最大の箇所で測定する。この方法は今日まで大半の文献で用いられているものと推測される(例：Greguss 1955；Panshin と De Zeeuw 1980)。
　方法 B では、樹脂道複合体の全体の接線径を最も幅の広い箇所で測定する。この測定では軸方向仮道管から区別される軸方向樹脂道複合体のすべての構成要素を含む。
　方法 C では、樹脂道複合体の放射径は、エピセリウム細胞を含めて、最も幅の広い箇所で測定する。
　少なくとも 10 個(可能ならより多く)の樹脂道を測定する。測定値の平均と範囲を記録することを推奨する(例：30〜**50**〜75 μm)。

コメント：
　正常な軸方向樹脂道の直径は(3 通りのどの方法で測定しても)、樹脂道のタイプ(エピセリウム細胞が厚壁か薄壁か)や成長条件(第一に立地、そして天然林か造林地か)によって、分類単位間でも、分類単位内でもかなり大きくばらつく。一般論として、軸方向樹脂道は厚壁のエピセリウム細胞をもつ分類単位、例えば *Larix* カラマツ属、*Picea* トウヒ属、*Pseudotsuga* トガサワラ属で最も小さい(方法 A で約 40〜100 μm)。*Pinus* マツ属、例えば *P. nigra*、*P. sylvestris* ヨーロッパアカマツでは、中庸の大きさ(方法 A で約 100〜170 μm)が普通である。大きい樹脂道(方法 A で約 170〜300 μm)は *Pinus* マツ属の *Strobus* 節(*P. cembra* と *P. strobus* ストローブマツを含む white pine 類)および *Taeda* 節(*P. banksiana* や *P. palustris*、*P. taeda* テーダマツを含む southern yellow pine 類)、ならびに造林地で生育した *Pinus radiata* ラジアータパインや *P. merkusii* メルクシマツなどの特徴である。

正常な放射細胞間道の平均直径 (AVERAGE DIAMETER OF NORMAL RADIAL INTERCELLULAR CANALS)

115. 正常な放射細胞間道の平均直径(μm) {Average diameter of normal radial intercellular canals(μm)}

コメント：
　紡錘形放射組織の細胞間道は同じ材内の軸方向樹脂道よりも小径の傾向がある。Panshin と De Zeeuw(1980)は、放射細胞間道の直径を識別の指標にできると考え、この特徴を彼らが考案した針葉樹材識別の検索項目に含めた。例：平均直径が *Pinus contorta* で 45 μm、*Pinus banksiana* で 30〜35 μm、*Picea sitchensis* シトカスプルースで 35 μm よりも小さく、*Pseudotsuga menziesii* ベイマツでは 25 μm よりも小さい。

手順：
　放射細胞間道の直径は板目切片で測定する。大径のもの、あるいは小径のものに偏って選択しないように気をつけながら、測定に用いる細胞間道を選ぶようにする。細胞間道の内腔とエピセリウム細胞を合わせて最も幅の広い箇所で測定する。少なくとも 10 個(なるべく多く)の細胞間道を測定する。
　測定値の平均と範囲を記録することを推奨する(例：25〜**35**〜60 μm)。

エピセリウム細胞（細胞間道の）{EPITHELIAL CELLS(of intercellular canals)}

116. 厚壁（Thick-walled）
117. 薄壁（Thin-walled）

定義：
　エピセリウム細胞は細胞間道を囲む特殊化した柔細胞である。もっと具体的に言うと、「エピセリウム細胞」という用語は樹脂道に面した細胞にだけ適用される。樹脂道の周りで多細胞層の鞘の一部を構成する他の軸方向柔細胞には適当されない（WerkerとFahn 1969；KibblewhiteとThompson 1973；LaPashaとWheeler 1990）。樹脂はエピセリウム細胞で生成され、細胞間道へ分泌される。
　エピセリウム細胞は通常正方形、ときに長方形を呈し、樹脂道の内側の連続的な裏打ち（エピセリウム）を構成する。エピセリウム細胞は、*Keteleeria* 属、*Larix* カラマツ属（Fig. 64）、*Picea* トウヒ属そして *Pseudotsuga* トガサワラ属では、一般に厚壁で堅牢であるが（おそらく *Cedrus* ヒマラヤスギ属でも同様である、特徴111、傷害樹脂道が存在、を参照）、*Pinus* マツ属のすべての種では典型的に薄壁である。

コメント：
　Pinaceaeマツ科の個々の分類単位は、放射樹脂道のエピセリウム細胞の数で区別されることがよくある。例えばBosshard(1974)は、放射（水平）樹脂道のエピセリウム細胞数が *Pseudotsuga* トガサワラ属では6個以下、*Picea* トウヒ属では7～9個、*Larix* カラマツ属では12個までという特徴があることを報告している｛エピセリウム細胞の数に関するもっと詳しい情報についてはBarefootとHankins(1982)およびSudo(1968)も参照｝。大きな傷害樹脂道ではエピセリウム細胞の数もはるかに多いため（例えば樹脂道1つあたり30～60個）、一般には識別的特徴とは考えられていない。放射樹脂道を囲む（厚壁の）エピセリウム細胞の数はかなり変化に富むようなので｛例：*Picea* トウヒ属で5～14、Sudo(1968)による｝、本特徴リストには含めなかった。この特徴に関するすべての情報は、それぞれのコメント内で注意を払って示すべきである。
　例えば *Larix* カラマツ属や *Picea* トウヒ属におけるように、厚壁のエピセリウム細胞に薄壁の細胞が時々混じることがあるため、厚壁および薄壁のエピセリウム細胞の区分けがあいまいになることもある。

　訳注：エピセリウムが主に厚壁細胞で構成される場合には、特徴116。厚壁（Thick-walled）を適用する。

チロソイドに関するノート：
　チロソイドは「薄壁のエピセリウム細胞が細胞間道へと膨出したものである；チロソイドは壁孔腔を通って発達したものではないという点でチロースとは異なる」と定義されている（IAWA Committee 1964）。チロソイドは薄壁ないしやや厚壁のエピセリウム細胞を伴うすべての分類単位（例：*Pinus* マツ属）に現れることがあるので、重要な識別的価値はあまりない。

　訳注：見出し項目、Intercellular canals（細胞間道）の同義語にResin canals（樹脂道）がある。これに方向を示す軸方向（垂直）と放射（水平）の用語を加えて以下の8つの組み合わせがあり、これらの多くは最近の木材解剖学書で使われている。

　　　Axial intercellular canals（軸方向細胞間道）　　　Axial resin canals（軸方向樹脂道）
　　　Vertical intercellular canals（垂直細胞間道）　　　Vertical resin canals（垂直樹脂道）
　　　Radial intercellular canals（放射細胞間道）　　　Radial resin canals（放射樹脂道）
　　　Horizontal intercellular canals（水平細胞間道）　　Horizontal resin canals（水平樹脂道）

　本書では、傾斜木にも適用でき、かつ、方向性を的確に示す用語として、軸方向細胞間（樹脂）道および放射細胞間（樹脂）道を用いた。

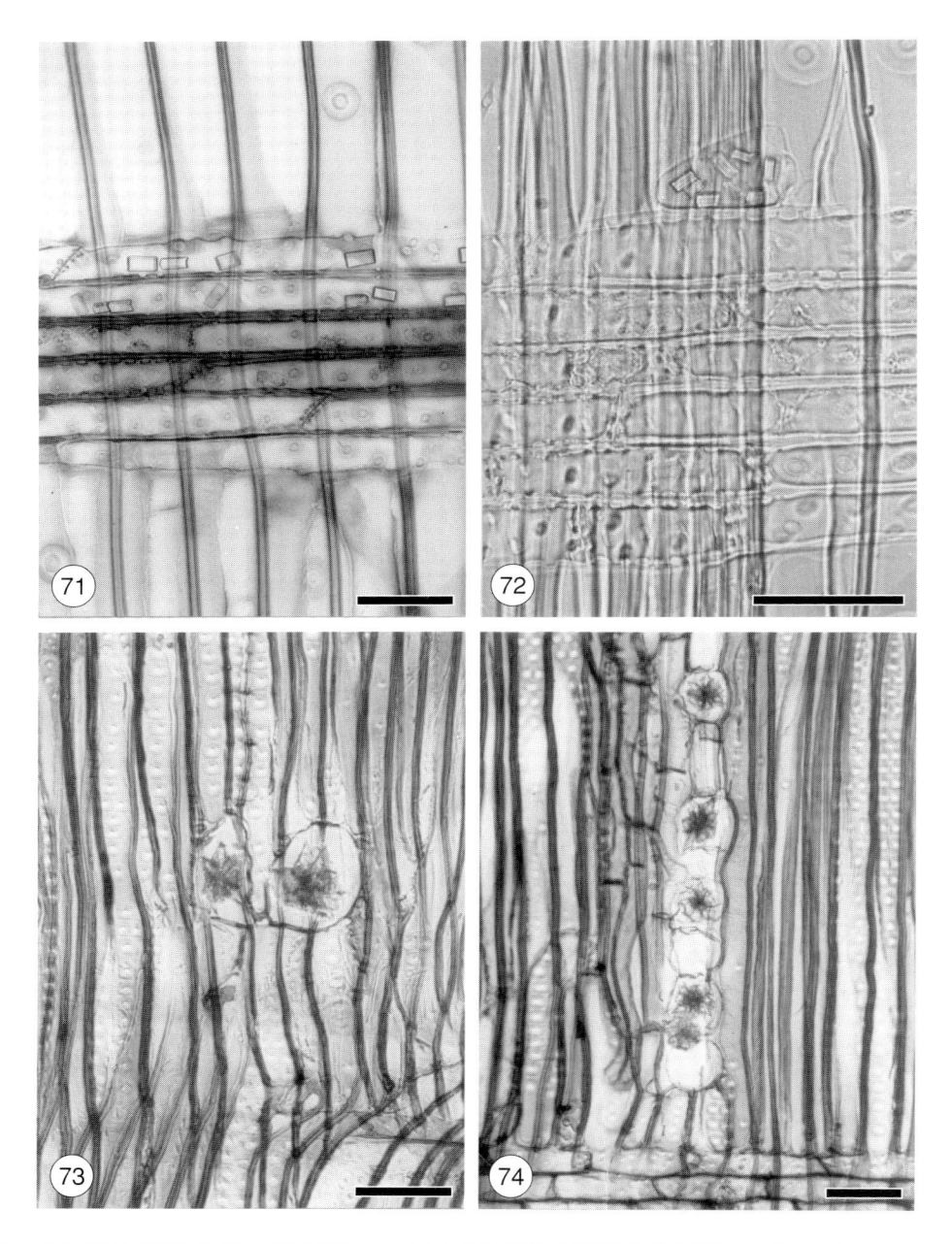

Figs. 71～74. 結晶(特徴 118)、柾目切片。—**71**：放射組織の菱形結晶(特徴 119 と 122)。*Abies alba*。—**72.** 拡大した放射組織細胞の菱形結晶(特徴 119 と 122)。*Abies lasiocarpa*。—**73**：軸方向柔細胞の集晶(特徴 120 と 123)。*Ginkgo biloba* イチョウ。—**74**：軸方向柔細胞の集晶(特徴 120 と 123)。*Ginkgo biloba* イチョウ。スケールバーは、71 と 72 = 50 μm、73 と 74 = 100 μm。

解剖学的特徴（ANATOMICAL FEATURES）

無機含有物（MINERAL INCLUSIONS）

結晶（CRYSTALS）

118. 存在する（Present）

シュウ酸カルシウムの結晶は、針葉樹材にはまれである。したがって、結晶が常に現れることは｛例：*Abies* モミ属や *Picea* トウヒ属（菱形結晶）、*Ginkgo biloba* イチョウ（集晶）、*Pinus flexilis*（エピセリウム細胞の小さな柱晶）｝、識別上かなり重要である。シュウ酸カルシウムの結晶は複屈折性であり、偏光下できわめて簡単に観察できる。

結晶のタイプ（TYPE OF CRYSTALS）

119. 菱形結晶（Prismatic）
120. 集晶（Druses）
121. その他の形状（明記する）｛Other forms（specify）｝

定義：
菱形結晶：単独の斜方六面体または八面体で、成分はシュウ酸カルシウムである（Figs. 71 と 72）。

訳注：針葉樹材では、広葉樹材で一般的に見られるような菱形結晶が見られることはほとんどなく、例示にあるように直方体であることが多い。

集晶：シュウ酸カルシウムの複合結晶で、形状は多少とも球形で、構成する多くの結晶が表面から突き出ているため全体として星形の外観を呈する（例：*Ginkgo biloba* イチョウ、Ginkgoaceae イチョウ科）。同義語：cluster crystal（Figs. 73 と 74）。

その他：菱形結晶および集晶を除くあらゆる結晶（Figs. 75 と 76）。

結晶の存在場所（CRYSTAL LOCATED IN）

122. 放射組織（Rays）
123. 軸方向柔組織（Axial parenchyma）
124. 細胞間道に付随する細胞（Cells associated with intercellular canals）

コメント：
針葉樹材の結晶は、任意の分類単位につき一種類の細胞にだけ現れるようである。

菱形結晶は、*Abies* モミ属の一部、*Cedrus* ヒマラヤスギ属、*Picea* トウヒ属の一部では（いずれも Pinaceae マツ科）、放射組織の縁辺およびその内側の細胞で多少とも普通に見られる。これらの細胞は再分割されず（訳注：多室結晶細胞のように細かく分かれない）、一つの細胞につき一つないしそれよりも多くの結晶を含むことがある（Figs. 71 と 72）。

集晶は *Ginkgo biloba* イチョウ（Ginkgoaceae イチョウ科）の軸方向柔組織（異形細胞）で観察されている。

Kellogg ら（1982）は、「軟松類（soft pines）」の 1 種（*Pinus flexilis*）の樹脂道複合体に小さな柱晶が観察されることを報告している。非常に小さな柱晶や紡錘状（spindle-shaped）結晶は bristlecone pine 類｛*Pinus longaeva*、*P. balfouriana*、*P. aristata*（しばしば *P. longaeva* と同一に扱われる）｝でも記載されている（Baas 1986）。これらの結晶は小さいため、光学顕微鏡下で偏光により少なくとも 500 倍（訳注：対物レンズを 40 倍程度）での観察が必要である（Figs. 75 と 76）。

有機物結晶の堆積物がこれまでに、*Tsuga heterophylla* ベイツガや（Krahmer ら 1970）、*Callitris*

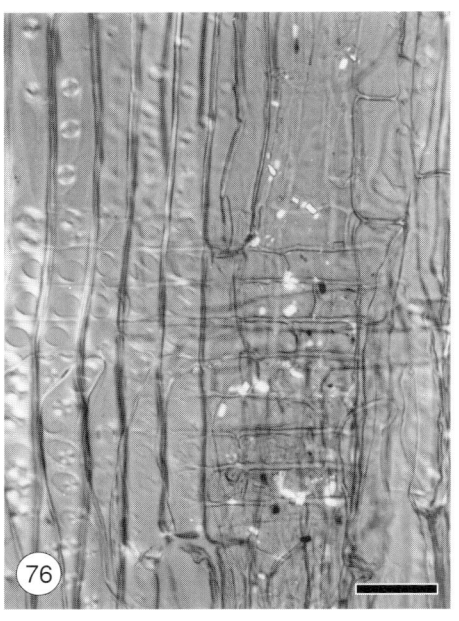

Figs. 75 と 76. 結晶(特徴 118)、柾目切片。—**75**：樹脂道複合体に存在する小さく細長い柱晶(特徴 121 と 124)。*Pinus pinaster*(偏光顕微鏡)。—**76**：樹脂道複合体に存在する小さな立方晶(cubic crystals)(特徴 121 と 124)。*Pinus flexilis*(偏光顕微鏡)。スケールバーは、75 ＝ 100 μm、76 ＝ 50 μm。

endlicheri(Ilic 1994)、*Torreya yunnanensis*(Kondo ら 1996)の軸方向仮道管で観察されている。本質的に有機物であって「無機」ではないが、このような結晶性の堆積物はここで記録し、それぞれのコメントで示すべきである。

結晶の大きさおよび細胞一つあたりの数に関する情報も明記されるべきである。

注意：
結晶が存在しないことは、識別の拠りどころにはならない。

引用文献

Anagnost, S.E., R.W. Meyer & C. DeZeeuw. 1994. Confirmation and significance of Bartholin's method for identification of the wood of Picea and Larix. IAWA J. 15: 171–184.
Baas, P., R. Schmid & B.J van Heuven. 1986. Wood anatomy of Pinus longaeva (bristlecone pine) and the sustained length-on-age increase of its tracheids. IAWA Bull. n.s. 7: 221–228.
Bailey, I.W. & A.F. Faull. 1934. The cambium and its derivative tissues. IX. Structural variability in redwood, Sequoia sempervirens and its significance in the identification of fossil woods. J. Arnold Arbor. 15: 233–254.
Bannan, M.W. 1936. Vertical resin ducts in the secondary wood of the Abietineae. New Phytol. 35: 11–46.
Barefoot, A. & F.W. Hankins. 1982. Identification of modern and tertiary woods. Oxford University Press, New York.
Bartholin, T. 1979. The Picea-Larix problem. IAWA Bull. 1979/1: 7–10.
Bauch, J., W. Liese & R. Schultze.1972. The morphological variability of the bordered pit membranes in Gymnosperms. Wood Sci. & Technol. 6: 165–184.
Bosshard, H.H. 1974. Holzkunde – Mikroskopie und Makroskopie des Holzes, Band I. Birkhäuser Verlag, Basel, Stuttgart.
Brazier, J. & G.L. Franklin. 1961. Identification of hardwoods: a microscope key. For. Prod. Res. Bull. 46. HMSO, London.
Brummitt, R.K. & C.E. Powell (eds.). 1992. Authors of plant names. Royal Botanic Gardens, Kew.
Chavchavadze, E.S. 1979. Wood of conifers (Drevesina khvoinykh). Original in Russian. Akad. Nauk SSSR, Moscow-Leningrad.
Core, H.A., W.A. Côté & A.C. Day. 1979. Wood structure and identification. Syracuse University Press, New York.
Cronshaw, J. 1965. The formation of the wart structure in tracheids of Pinus radiata. Protoplasma 60: 233–242.
Dinwoodie, J.M. 1961. Tracheid and fibre length in timber: A review of the literature. Forestry 34: 125–144.
Dodd, R.S. 1986. Fibre length measuring systems: A review and modification of an existing method. Wood & Fiber Sci. 18: 276–287.
Engler, A. 1954. Syllabus der Pflanzenfamilien, Vol. I. Bakterien bis Gymnospermen. 12 (eds. H. Melchior & E. Werdermann). Gebr. Bornträger, Berlin.
Farjon, A. 2001. World Checklist and Bibliography of Conifers. 2nd Ed. Royal Botanic Gardens, Kew.
Feist, W.C. 1990. Outdoor wood weathering and protection. In: R.M. Rowell & R.J. Barbour (eds.), Advances in Chemistry Series No. 225, Amer. Chemical Society, Washington, D.C.
Frey-Wyssling, A., K. Mühlethaler & H.H. Bosshard. 1955. Das Elektronenmikroskop im Dienste der Bestimmung von Pinusarten. Holz als Roh- und Werkstoff 13: 245–249.
Fujii, T. 2000. Letter to the Editor: True warts in rattan? IAWA J. 21: 236–238.
Fujita, M., N. Hayashi, K. Hamada & H. Harada. 1987. Time requirements for the tracheid differentiation in softwoods measured by the inclination date marking. Bull. Kyoto Univ. Forests No. 59: 248–257.
Greguss, P. 1955. Identification of living Gymnosperms on the basis of xylotomy. Akadémiai Kiadó, Budapest.
Grosser, D. 1977. Die Hülzer Mitteleuropas. Springer-Verlag, Berlin, Heidelberg, New York.

Harada, H., Y. Miyazaki & T. Wakashima. 1958. Electron microscopic investigation on the cell wall structure of wood. Bull. Govt Forest Experiment Station No. 104: 1–115.

Hart, C.A. & B. Swindel. 1967. Notes on laboratory sampling of macerated wood fibers. Tappi 50: 379–381.

Heady, R.D., J.D. Banks & P.D. Evans. 2002. Wood anatomy of Wollemi Pine (Wollemia nobilis, Araucariaceae). IAWA J. 23: 339–358.

Heady, R.D. & P.D. Evans. 2000. Callitroid (callitrisoid) thickening in Callitris. IAWA J. 21: 293–319.

Heinz, I. 1997. Entwicklung von Systemkomponenten für die computerunterstützte Bestimmung von Nadelhülzern in DELTA/INTKEY. Diplomarbeit, Universität Hamburg.

IAWA Committee. 1964. Multilingual glossary of terms used in wood anatomy. Committee on nomenclature, International Association of Wood Anatomists. Verlagsanstalt Buchdruckerei Konkordia, Winterthur.

IAWA Committee. 1989. IAWA List of microscopic features for hardwood identification by an IAWA Committee. E.A. Wheeler, P. Baas & P.E. Gasson (eds.). IAWA Bull. n.s. 10: 219–332.

Ilic, J. 1994. Separation of the woods of Callitris glaucophylla (white cypress pine) and C. endlicheri (black cypress pine). Recent Advances in Wood Anatomy. Proc. IAWA Wood Anatomy Conference, Rotorua, New Zealand.

Ilic, J. 1995. Distinguishing the woods of Araucaria cunninghamii (hoop pine) and Araucaria bidwillii (bunya pine). IAWA J. 16: 255–260.

Jansen, S., E. Smets & P. Baas. 1998. Vestures in woody plants: A review. IAWA J. 19: 347–382.

Kellogg, R.M., S. Rowe, R.C. Koeppen & R.B. Miller. 1982. Identification of the wood of the soft pines of western North America. IAWA Bull. n.s. 3: 95–101.

Kibblewhite, R.P & N.S. Thompson. 1973. The ultrastructure of the middle lamella region in resin canal tissue isolated from slash pine holocellulose. Wood Sci. & Technol. 7: 112–126.

Kondo, Y., T. Fujii, Y. Hayashi & A. Kato. 1996. Organic crystals in the tracheids of Torreya yunnanensis. IAWA J. 17: 393–403.

Krahmer, R.L., R.W. Hemingway & W.E. Hillis. 1970. The cellular distribution of lignans in Tsuga heterophylla wood. Wood Sci. & Technol. 4: 122–139.

Krause, C. & D. Eckstein. 1992. Holzzuwachs an Ästen, Stamm und Wurzeln bei normaler und extremer Witterung. In: W. Michaelis & J. Bauch (eds.), Luftverunreinigungen und Waldschäden am Standort 'Postturm', Forstamt Farchau/Ratzeburg: 215–242. GKSS-Forschungszentrum Geesthacht.

Kubitzki, K. (ed.). 1990. The families and genera of vascular plants. Vol. 1. Springer-Verlag, Berlin, New York, Paris, Tokyo, Hong Kong, Barcelona.

Kukachka, B.A. 1960. Identification of coniferous woods. Tappi 43: 887–896.

Ladell, J.T. 1959. A new method of measuring tracheid length. Forestry 32: 124–125.

LaPasha, C.A. & E.A. Wheeler. 1990. Resin canals in Pinus taeda longitudinal canal lengths and interconnections between longitudinal and radial canals. IAWA Bull. n.s. 11: 227–238.

Liese, W. 1957. Beitrag zur Warzenstruktur der Coniferentracheiden unter besonderer Berücksichtigung der Cupressaceae. Sonderabdruck aus den Berichten der Deutschen Botanischen Gesellschaft, Vol. LXX, 1: 21–30.

Liese, W. 1965. The warty layer. In: W.A. Côté (ed.), Cellular infrastructure of woody plants: 251–269. Syracuse University Press, Syracuse.

Mabberley, D.J. 1997. The Plant-Book. 2nd Ed. Cambridge University Press, Cambridge, New York, New Rochelle, Melbourne, Sydney.

McGuinnes Jr., E.A., S.A. Kandeel & P.S. Szopa. 1969. Frequency and selected anatomical features of included sapwood in Eastern Red Cedar. Wood Sci. 2: 100–106.

Miller, R.B. 1981. Explanation of the coding procedure. IAWA Bull. n.s. 2: 111–145.

Noshiro, S. & T. Fujii. 1994. Fusiform parenchyma cells in the young wood of Pinaceae, and their distinction from marginal parenchyma. IAWA J. 15: 399–406.

Ohtani, J. 1979. Study of warty layer by the scanning electron microscopy. II. Occurrence of warts in vessel members and wood fibres of Japanese dicotyledoneous woods. Res. Bull. Coll. Exp. For. Hokkaido Univ. 36: 585–608.

Ohtani, J. & S. Fujikawa. 1971. Study of warty layer by the scanning electron microscopy. I. Variation of warts on the tracheid wall within an annual ring of coniferous woods. J. Japan Wood Res. Soc. 17: 89–95.

Ohtani, J., B.A. Meylan & B.G. Butterfield. 1984. Vestures or warts – Proposed terminology. IAWA Bull. n.s. 5: 3–8.

Onaka, F. 1949. Studies on compression- and tension-wood. Wood Research, Wood Res. Inst., Kyoto Univ. No. 1: 1–88.

Panshin, A.J. & C. DeZeeuw. 1980. Textbook of wood technology. 4th Ed. McGraw-Hill, New York.

Pearson, R.S. & H.P. Brown. 1932. Commercial timbers of India, Vol. I. Government of India, Central Publication Branch, Calcutta.

Peirce, A.S. 1936. Anatomical interrelationships of the Taxodiaceae. Trop. Woods 46: 1–15.

Peirce, A.S. 1937. Systematic anatomy of the woods of the Cupressaceae. Trop. Woods 49: 5–21.

Phillips, E.W.J. 1948. Identification of softwoods by their microscopic structure. Forest Products Research Bull. No. 22. HMSO Department of Scientific and Industrial Research.

Roig, F.A. 1992. Comparative wood anatomy of southern South American Cupressaceae. IAWA Bull. n.s. 13: 151–162.

Rol, R. 1932. Note sur un essai de classification du genre Pinus d'après des caractères tirés de l'anatomie du bois. Rapp. Congr. Soc. Sav. No. 65: 333–341.

Sano, Y., Y. Kawakami & J. Ohtani. 1999. Variation in the structure of intertracheary pit membranes in Abies sachalinensis, as observed by field-emission electron microscopy. IAWA J. 20: 375–388.

Schweingruber, F. H. 1990. Anatomie europäischer Hülzer. Verlag Paul Haupt, Bern, Stuttgart.

Sudo, S. 1968. Anatomical studies on the wood of species of Picea, with some considerations on their geographical distribution and taxonomy. Bull. Govt. For. Exp. Stat. No. 215: 39–130.

Suzuki, M. & S. Noshiro. 1988. Wood structure of Himalayan plants. In: H. Ohba & S.B. Malla (eds.), Himalayan plants. I. Bull. Mus. Univ. Tokyo 31: 341–379.

Takiya, K., H. Harada & H. Saiki. 1976. The formation of the warts structure in conifer tracheids. Bull. Kyoto Univ. For. 48: 187–191.

Timell, T.E. 1986. Compression wood in Gymnosperms. Vol. 1–3. Springer-Verlag, New York.

Torelli, N. 1999. Dvokrpi ginko (Ginkgo biloba L.) in njegov les [Maidenhair tree (Ginkgo biloba L.) and its wood]. Les (Ljubljana) 51: 397–402.

Vogel, C. 1994. Charakterisierung der Gattung Juniperus mit besonderer Berücksichtigung der Verkernungsanomalie 'included sapwood'. Diplomarbeit, Universität Hamburg.

Vogel, K. 1995. Mikroskopische Untersuchung zur Typisierung der Kreuzungsfeldtüpfel bei Nadelhülzern. Diplomarbeit der Forstwissenschaftlichen Fakultät der Ludwig-Maximilians-Universität München.

Wagenführ, R. 1989. Anatomie des Holzes. 4th Ed. VEB Fachbuchverlag, Leipzig.

Ward, J.C. & Y.W. Pong. 1980. Wetwood in trees: a timber resource problem. USDA, FS, Pacific Northwest Research Station, GTR-PNW-112.

Wardrop, A.B. & G.W. Davis. 1962. Wart structure of Gymnosperm tracheids. Nature 194: 497–498.

Welch, H. & G. Haddow. 1993. The world checklist of conifers. The World Conifer Data Pool, Landsman's Bookshop Ltd.

Werker, E. & A. Fahn. 1969. Resin ducts of Pinus halepensis Mill. – their structure, development and pattern of arrangement. Bot. J. Linnean Soc. 62: 379–411.

Wiedenhoeft, A.C. & R.B. Miller. 2002. Brief comments on the nomenclature of softwood axial resin canals and their associated cells. IAWA J. 23: 299–303.

Wilkins, A.P. & R.K. Bamber. 1983. A comparison between Ladell's wood section method and the macerated wood method for tracheid length determination. IAWA Bull. n.s. 4: 245–247.

Willebrand, G. 1995. Untersuchung von ausgewählten mikroanatomischen Merkmalen zur Bestimmung von Nadelhülzern. Diplomarbeit, Fachhochschule Rosenheim, Fachbereich Holztechnik.

Wilson, K. & D.J.B. White. 1986. The anatomy of wood: its diversity and variability. Stobart & Son Ltd., London.

Yatsenko-Khmelevsky, A.A. 1954. The principles and methods of anatomical investigation of wood. Akad. Nauk SSSR, Moscow-Leningrad.

Yoshizawa, N., T. Itoh & K. Shimaji. 1985. Helical thickenings in normal and compression wood of some softwoods. IAWA Bull. n.s. 6: 131–138.

用語および索引

木材解剖学用語英和対照一覧 62
樹種名索引 64
　　学名索引 64
　　和名索引 66
用語索引 68

木材解剖学用語英和対照一覧

(Terms in Wood Anatomy ; English vs. Japanese)

A
Abrupt transition　急な移行
Alternate　交互状
Annual ring　年輪
Annual ring boundary　年輪界
Araucarioid　ナンヨウスギ型
Axial intercellular (resin) canal　軸方向(垂直)細胞間(樹脂)道
Axial parenchyma　軸方向柔組織

B
Beaded　数珠状
Biseriate　2列
Bordered pit　有縁壁孔
Bordered pit pair　有縁壁孔対
Branch wood　枝材

C
Callitrisoid thickening　カリトリス型肥厚
Callitroid thickening　カリトリス型肥厚
Cell wall　細胞壁
Coloured heartwood　着色心材
Compression wood　圧縮あて材
Coniferous wood　針葉樹材
Cross section　木口切片
Cross-field pit　分野壁孔
Crystal　結晶
Cubic crystal　立方晶
Cupressoid　ヒノキ型

D
Dentate　鋸歯状
Dentation　鋸歯状突起
Dicotyledon　双子葉植物
Diffuse　散在状
Double wall　二重壁
Druse　集晶

E
Earlywood　早材
Earlywood tracheid　早材仮道管
End wall　末端壁
Epithelial cell　エピセリウム細胞
Epithelium　エピセリウム
Eroded pit　浸食された壁孔

F
False growth ring　偽成長輪
Fibre (Fiber)　(木部)繊維
Floccosoid　フロコソイド
Fusiform initial　紡錘形始原細胞
Fusiform parenchyma　紡錘形柔組織
Fusiform ray　紡錘形放射組織

G
Gradual transition　緩やかな移行
Growth ring　成長輪
Growth ring boundary　成長輪界

H
Hard pine　硬松
Hardwood　広葉樹材
Heartwood　心材
Heartwood colour　心材色
Helical thickening　らせん肥厚
Horizontal wall　水平壁

I
Idioblast　異形細胞
Included aperture　輪内孔口
Included sapwood　内部辺材
Indenture　インデンチャー
Intercellular canal　細胞間道
Intercellular space　細胞間隙

J
Juvenile wood　未成熟材

L
Latewood　晩材
Latewood tracheid　晩材仮道管
Longitudinal section　軸方向切片
Longitudinal tracheid　軸方向仮道管
Lumen　内腔

M
Maceration　解繊
Marginal　成長輪界状
Marginal cell　縁辺細胞
Marginal ray cell　放射組織の縁辺細胞
Margo　マルゴ

Margo strap　棒状の肥厚部
Mature wood　成熟材
Microfibril　ミクロフィブリル
Mineral inclusion　無機含有物
Multiseriate　多列

N
Nodular　数珠状
Nodular end wall　数珠状の末端壁
Notched border　切れ込みのある壁孔縁

O
Opposite　対列状
Organic crystalline　有機物結晶質
Organic deposit　有機堆積物
Ornamentation　装飾的な構造
Ornamented pit　装飾付きの壁孔
Outer border of the pit　壁孔の外孔縁

P
Parenchyma　柔組織
Parenchyma cell　柔細胞
Parenchyma strand　柔組織ストランド
Piceoid　トウヒ型
Pinoid　マツ型
Pit　壁孔
Pit border　壁孔縁
Pit cavity　壁孔腔
Pit chamber　壁孔室
Pit field　壁孔域
Pit membrane　壁孔膜
Pit row　壁孔列
Pit with awning　日よけ壁孔
Plasma membrane　細胞膜
Primary wall　一次壁
Prismatic crystal　菱形結晶

R
Radial intercellular (resin) canal　放射(水平)細胞間(樹脂)道
Radial section　柾目切片
Radial wall　放射壁
Ray　放射組織
Ray parenchyma cell　放射柔細胞
Ray tracheid　放射仮道管
Resin　樹脂
Resin canal　樹脂道
Resin canal complex　樹脂道複合体
Resin duct　樹脂溝
Resin plate　樹脂の板
Resin plug　樹脂の栓
Resin spool　樹脂の糸巻き
Reticulate　網状
Root wood　根材

S
S_3 layer　S_3 層
Sapwood　辺材
Sapwood colour　辺材色
Scalloped　ホタテガイ状
Scalloped pit　ホタテガイ状の壁孔
Secondary wall　二次壁
Septum　隔壁
Simple pit　単壁孔
Smooth　平滑
Soft pine　軟松
Soft rot　軟腐朽
Softwood　針葉樹材
Spindle-shaped crystal　紡錘状結晶
Spiral groove　らせん状裂け目
Stem wood　幹材
Strand tracheid　ストランド仮道管
Styloid crystal　柱晶
Subsidiary cell　副細胞

T
Tangential section　板目切片
Tangentially zonate　接線方向の帯状
Taxodioid　スギ型
Taxon　分類単位
Torus　トールス
Torus extension　伸展トールス
Tracheid　仮道管
Tracheid pitting　仮道管壁孔
Transition zone from earlywood to latewood　早晩材の移行部
Transverse end wall　水平末端壁
Transverse section　木口切片
Traumatic intercellular (resin) canal　傷害細胞間(樹脂)道
Tylosis　チロース
Tylosoid　チロソイド

U
Uniseriate　単列

V
Vessel element　道管要素

W
Wall thickening　細胞壁肥厚
Wart　イボ
Warty layer　イボ状層
Wetwood　水食い材
Window-like　窓状
Wood anatomy　木材解剖学

X
Xylem mother cell　木部母細胞

樹種名索引

本文および写真説明文に記述されている学名(Botanical name)を対象として本索引を作成した。ただし、科名については、それぞれの識別的特徴が科に一般的にみられる場合にのみ収録した。

学名索引

A
Abies 3, 4, 15, 18, 19, 27, 29, 31, 37, 38, 43, 45, 50, 55
Abies alba 7, 38, 54
Abies lasiocarpa 54
Abies sachalinensis 18
Actinostrobus acuminatus 24
Actinostrobus pyramidalis 18, 19
Actinostrobus spp. 18
Agathis 9, 11, 15, 43, 44
Agathis labillardieri 11
Amentotaxus 6, 20, 22
Araucaria 9, 11, 15, 43, 44
Araucaria angustifolia 4, 10, 12
Araucaria araucana 42
Araucaria cunninghamii 3
Araucariaceae 1, 4, 9, 11, 12, 39, 43, 44
Athrotaxis 19
Athrotaxis cupressoides 18
Athrotaxis selaginoides 15, 18
Austrotaxus spicata 7

C
Callitris 18, 19, 24, 27, 29
Callitris columellaris 19, 24
Callitris endlicheri 56
Callitris glauca 11
Callitris macleayana 24
Callitris preissii 24
Calocedrus 11, 27, 48
Calocedrus decurrens 3, 29, 37
Calocedrus formosana 13, 29, 37
Calocedrus pisifera 29
Cathaya 29, 38
Cedrus 5, 9, 15, 16, 19, 27, 29, 31, 38, 39, 41, 43, 50, 53, 55
Cedrus atlantica 17
Cedrus deodara 46
Cedrus libani 51
Cephalotaxaceae 1, 6, 15
Cephalotaxus 6, 20, 22, 23
Cephalotaxus harringtonia 15, 19
Chamaecyparis 5, 19, 27, 44
Chamaecyparis nootkatensis 3, 4, 29, 30
Chamaecyparis obtusa 29
Chamaecyparis pisifera 18
Chamaecyparis thyoides 29, 46
Cryptomeria 15, 18, 19, 27, 44
Cryptomeria japonica 3, 5, 7, 26, 28, 29, 39
Cunninghamia konishii 5
Cunninghamia lanceolata 15
Cupressaceae 1, 3, 4, 5, 6, 8, 9, 11, 13, 15, 16, 24, 27, 29, 30, 31, 37, 39, 43, 44, 48, 50
Cupressus 5, 11, 19, 27
Cupressus arizonica 31
Cupressus dupreziana 18
Cupressus goveniana 36, 37
Cupressus macrocarpa 29, 48

D
Dacrycarpus darcrydioides 39
Dacrydium 6
Dacrydium cupressinum 29
Dacrydium elatum 11
Dacrydium nausoriense 4
Dadrydium franklinii 18

F
Fitzroya 18, 19, 48
Fitzroya cupressoides 3, 4, 11

G
Ginkgo biloba 13, 15, 54, 55
Ginkgoaceae 1, 13, 55

J
Juniperus 4, 18, 19, 27, 29, 37, 39
Juniperus communis 13, 42
Juniperus procera 11
Juniperus sabina 36
Juniperus thurifera 18
Juniperus virginiana 3, 4, 11, 13

K
Keteleeria 9, 15, 27, 29, 38, 39, 48, 50, 53
Keteleeria davidiana 8

L
Lagarostrobos(Dacrydium) 44

Larix 3, 4, 8, 9, 14, 15, 22, 23, 25, 27, 29, 31, 33, 34, 35, 37, 38, 41, 48, 50, 52, 53
Larix dahuria 3
Larix decidua 7, 12, 14, 36, 49, 51
Larix gmelinii 3
Larix kaempferi 3, 23, 34, 36
Larix potaninii 23
Larix potaninii var. himalaica 22, 23
Lagarostrobos franklinii 18

M

Manoao (Dacrydium) 44
Metasequoia 43
Metasequoia glyptostroboides 6
Microstrobos 44

N

Nageia nagi 19
Nothotsuga 38

P

Papuacedrus papuana 18
Phyllocladus 41, 44
Picea 3, 4, 8, 12, 15, 20, 22, 23, 25, 29, 31, 33, 34, 35, 37, 41, 48, 50, 52, 53, 55
Picea abies 12, 23, 30, 32, 34, 40
Picea maximowiczii 23
Picea polita 23
Picea sitchensis 4, 11, 52
Picea smithiana 22
Picea torano 23
Pilgerodendron sp. 18
Pinaceae 1, 3, 4, 5, 6, 8, 9, 11, 12, 15, 16, 25, 27, 29, 38, 39, 41, 43, 44, 47, 48, 50, 55
Pinus 3, 4, 6, 8, 14, 15, 19, 31, 33, 37, 39, 41, 44, 47, 48, 50, 52, 53
Pinus aristata 55
Pinus balfouriana 55
Pinus banksiana 33, 44, 52
Pinus bungeana 19
Pinus canariensis 33, 44
Pinus caribaea 6, 44
Pinus cembra 33, 37, 44, 47, 52
Pinus contorta 33, 44, 52
Pinus densiflora 33, 44
Pinus echinata 44
Pinus flexilis 55, 56
Pinus halepensis 33, 44
Pinus kesiya 33, 41
Pinus koraiensis 37, 44, 47
Pinus lambertiana 33, 37, 44, 47
Pinus leucodermis 33, 44
Pinus longaeva 55
Pinus longifolia 33, 44

Pinus massoniana 19
Pinus merkusii 6, 41, 52
Pinus monticola 33, 37, 44, 47
Pinus nigra 33, 44, 52
Pinus palustris 33, 44, 52
Pinus patula 33, 44
Pinus pinaster 33, 44, 56
Pinus ponderosa 32, 33, 40, 44
Pinus radiata 33, 44, 52
Pinus resinosa 33, 44
Pinus sect. Kesiya 33
Pinus sect. Ponderosa 33, 44
Pinus sect. Strobus 33, 37, 41, 44, 47, 52
Pinus sect. Sula 33, 44
Pinus sect. Sylvestris 33, 41, 44
Pinus sect. Taeda 33, 44
Pinus strobus 14, 32, 33, 37, 44, 47, 52
Pinus sylvestris 10, 15, 32, 33, 40, 44, 49, 52
Pinus taeda 33, 44, 52
Podocarpaceae 1, 4, 6, 11, 15, 16, 29, 39, 41, 43, 44
Podocarpus 6, 8, 19, 29
Podocarpus amarus 41, 44
Podocarpus darcrydioides 39
Podocarpus elongatus 28
Podocarpus ferrugineus 11
Podocarpus macrophyllus 19
Pococarpus nagi 19
Podocarpus salignus 39
Podocarpus totara 4, 11
Prumnopitys ferruginea 11
Pseudolarix 15, 16, 24, 29, 31
Pseudotsuga 3, 8, 20, 22, 27, 29, 31, 33, 38, 41, 49, 50, 52, 53
Pseudotsuga japonica 21, 23
Pseudotsuga menziesii 3, 4, 8, 12, 13, 14, 21, 23, 51, 52

S

Saxegothaea 15
Saxegothaea conspicua 11
Sciadopityaceae 1, 41
Sciadopitys 15, 41
Sciadopitys verticillata 38
Sequoia 15, 18, 19, 27, 31, 43, 44
Sequoia sempervirens 3, 4, 6, 8, 9, 26, 46, 48, 50
Sequoiadendron 15, 18, 19, 43
Sequoiadendron giganteum 6
Sundacarpus amarus 41, 44

T

Taiwania 15, 18, 27
Taiwania cryptomerioides 9, 17, 36, 39
Taxaceae 1, 3, 4, 6, 12, 15, 41, 44
Taxodiaceae 1, 43
Taxodium 9, 27, 39, 43, 44

Taxodium distichum 10, 26, 27, 28, 29, 30, 42
Taxus 3, 4, 6, 20, 22, 23, 44
Taxus baccata 12, 21
Taxus cuspidata 19
Taxus floridana 19
Tetraclinis 19
Tetraclinis articulata 29
Thuja 4, 15, 16, 19, 27, 41, 43
Thuja occidentalis 18, 29, 39
Thuja plicata 6, 8, 11, 15, 39
Thuja standishii 11, 29
Thujopsis 15, 16, 18, 19, 48
Thujopsis dolabrata 3, 4, 5, 29, 31
Thujopsis dolabrata var. hondai 16
Torreya 3, 6, 18, 20, 22, 23, 44
Torreya californica 18, 21
Torreya nucifera 5, 18, 19
Torreya taxifolia 18
Torreya yunnanensis 11, 56
Tsuga 3, 4, 8, 11, 15, 18, 27, 29, 30, 31, 37, 38, 41, 50
Tsuga heterophylla 8, 17, 55

W
Widdringtonia 11, 18, 19, 29
Wollemia 9, 43

X
Xanthocyparis nootkatensis 3, 4, 29, 30

和名索引

ア
アガチス属 9, 11, 15, 43, 44
アカマツ 8, 33, 44
アスナロ 3, 4, 5, 29, 31
アスナロ属 15, 16, 18, 19, 48

イチイ 8, 19
イチイ科 1, 3, 4, 5, 6, 12, 15, 18, 19, 22, 25, 41, 44
イチイ属 3, 4, 6, 20, 22, 23, 44
イチョウ 8, 13, 15, 54, 55
イチョウ科 1, 13
イチョウ綱 1
イトスギ属 5, 11, 19, 27
イヌガヤ 15, 19
イヌガヤ科 1, 6, 15, 19, 22, 23, 25, 27
イヌガヤ属 6, 20, 22, 23
イヌマキ 19

カ
カヤ 5, 8, 18, 19
カヤ属 3, 6, 18, 20, 22, 23, 44
カラマツ 3, 8, 23, 34, 35, 36
カラマツ属 3, 4, 8, 9, 14, 15, 22, 23, 25, 27, 29, 31, 33, 34, 35, 37, 38, 41, 48, 50, 52, 53

グイマツ 3
クロベ 29

コウヤマキ 38
コウヤマキ科 1, 25, 41
コウヤマキ属 15, 41
コウヨウザン 15

サ
サワラ 18, 29

シトカスプルース 4, 11, 52

スギ 3, 5, 7, 8, 26, 28, 29, 39, 41, 42, 43
スギ科 1
スギ属 15, 18, 27, 44
ストローブマツ 14, 32, 33, 37, 44, 47, 52

セコイア 3, 4, 6, 8, 9, 26, 43, 46, 48, 50
セコイア属 15, 18, 19, 27, 31, 43, 44
センペルセコイア 3, 4, 6, 8, 9, 26, 43, 46, 48, 50

タ
タイワンスギ 9, 17, 36, 39

チョウセンゴヨウ　37, 44, 47

ツガ属　3, 4, 8, 11, 15, 18, 27, 29, 30, 31, 37, 38, 41, 50

テーダマツ　33, 44, 52

ドイツトウヒ　12, 30, 32, 34, 40
トウヒ　35, 41, 43
トウヒ属　3, 4, 15, 20, 22, 23, 25, 29, 31, 33, 34, 35, 37, 41, 48, 50, 52, 53, 55
トガサワラ　21, 23
トガサワラ属　3, 8, 20, 22, 27, 29, 31, 33, 38, 41, 48, 50, 52, 53
トドマツ　18

ナ
ナギ　19
ナンヨウスギ　41, 42, 43
ナンヨウスギ科　1, 9, 11, 12, 25, 39, 43, 44
ナンヨウスギ属　9, 11, 15, 43, 44

ニオイヒバ　18, 29, 39

ヌマスギ　10, 26, 27, 28, 29, 30, 42
ヌマスギ属　9, 27, 39, 43, 44

ネズコ　8, 29
ネズコ属　4, 15, 16, 19, 27, 41, 43
ネズミサシ属　4, 18, 19, 27, 29, 37, 39

ハ
ハリモミ　23

ヒノキ　8, 29, 41, 42, 43
ヒノキアスナロ　16
ヒノキ科　1, 3, 4, 5, 6, 8, 9, 11, 13, 15, 16, 18, 19, 24, 25, 27, 29, 30, 31, 37, 39, 43, 44, 48, 50
ヒノキ属　5, 19, 27, 44
ヒバ　8, 16
ヒマラヤスギ　46
ヒマラヤスギ属　5, 9, 15, 16, 19, 27, 29, 31, 38, 39, 41, 43, 50, 53, 55
ヒメコマツ　8
ヒメバラモミ　23

ベイスギ　6, 8, 11, 39
ベイツガ　8, 17, 55
ベイヒバ　3, 4, 29, 30
ベイマツ　3, 4, 8, 12, 13, 14, 21, 23, 51, 52

ポンデローサマツ　32, 33, 40, 44

マ
マキ科　1, 4, 6, 11, 15, 16, 18, 19, 25, 27, 29, 39, 41, 43, 44
マキ属　6, 8, 19, 29
マツ　40, 41
マツ科　1, 3, 5, 6, 8, 9, 11, 12, 15, 16, 18, 19, 22, 24, 25, 27, 30, 31, 37, 38, 39, 41, 43, 44, 48, 50, 55
マツ綱　1
マツ属　3, 4, 6, 8, 14, 15, 19, 25, 31, 33, 37, 39, 41, 44, 47, 48, 50, 52, 53

メタセコイア　6, 43
メルクシマツ　6, 41, 52

モミ属　3, 4, 15, 18, 19, 27, 29, 31, 38, 43, 45, 50, 55

ヤ
ヨーロッパアカマツ　10, 15, 32, 33, 40, 44, 49, 52

ラ
ラジアータパイン　33, 44, 52

レッドウッド　3, 4, 6, 8, 9, 26, 43, 46, 48, 50
レバノンスギ　51

用語索引

索引項目に続く数字は、下記の例のように、それぞれ3種類の番号を示す。

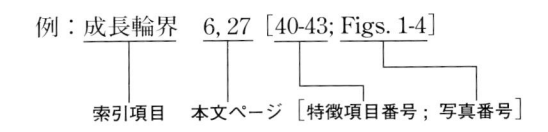

例：成長輪界　6, 27　［40-43；Figs. 1-4］

索引項目　本文ページ　［特徴項目番号；写真番号］

ア
アストラブルー　16
圧縮あて材　3, 4, 8, 13, 15, 20, 41, 43
　　──の色　3, 4
　　──の細胞壁厚　15
　　──の早晩材の移行　8
　　──のトウヒ型壁孔　41
　　──の壁孔口　43
　　──のらせん状裂け目　13, 15, 20

イボ　18, 19
イボ状層　18, 19, 24　［60；Figs. 21, 22, 27］
異名　1
色　3, 4
インデンチャー　36, 39　［89；Fig. 48］

枝材　5, 12, 22, 25
エピセリウム細胞　25, 48, 49, 50, 52, 53
　　──の定義　53
　　厚壁の──　49, 50, 53　［116；Fig. 64］
　　薄壁の──　49, 50, 53　［117；Fig. 66］
縁辺（部）　30, 41, 43, 55
縁辺細胞（列）　31, 41

カ
科　1
解繊　12
学名　1
化石木　25
仮道管　8, 9, 14, 23
　　──の接線壁　23
　　──の壁厚　8, 14
　　　厚壁　14　［55；Fig. 14］
　　　薄壁　14　［54；Fig. 13］
　　──の放射径　8
　　──の放射壁　9, 23
仮道管長　12
仮道管壁孔　9, 10　［44-47；Figs. 5-8］
　　交互状　9, 10　［47；Figs. 7, 8］
　　対列状　9, 10　［46；Fig. 6］
　　単列　9, 10　［44；Fig. 5］
　　2列以上　9, 10　［45；Figs. 7, 8］
　　放射壁の──　10
カラマツ型の壁孔縁　35　［Fig. 45］
カリトリス型肥厚　24　［71；Figs. 27, 28］

気乾密度　5, 6
偽成長輪　6, 8
鋸歯状突起　33

形成層齢　12
結晶　54, 55, 56　［118；Figs. 71-76］
現生植物　1

孔口　41, 43
考古学的な試料（考古学の材料）　3, 5, 11, 20, 25, 31, 50, 55
交互壁孔　9
硬松（類）　8

サ
材色　3, 4
細胞間腔　48
細胞間隙　4, 13　［53；Fig. 11］
細胞間道　25, 48, 49, 50, 53　［Figs. 63-70］
細胞壁厚　14, 15
細胞壁肥厚　20
サフラニン　16

次亜塩素酸ナトリウム　39
軸方向仮道管　21
　　──のらせん肥厚　21　［61；Figs. 23-25］
軸方向細胞間(樹脂)道　48, 49, 50, 53　［109-111；Figs. 63-66］
　　──の直径　50　［112-114］
軸方向柔細胞　28, 29, 53
　　──の水平末端壁　28, 29
　　　数珠状　28, 29　［78；Figs. 35, 36］
　　　不規則に肥厚　28, 29　［77；Fig. 34］
　　　平滑　28, 29　［76；Fig. 33］
軸方向柔組織　25, 26, 27　［72-75；Figs. 29-32］
　　──の配列　27
　　　散在状　26, 27　［73；Fig. 29］
　　　成長輪界状　26, 27　［75；Fig. 31］

　　　　　接線方向の帯状　26, 27　[74, 75；Figs. 30-32]
縞(模様)　4
ジャベル水　39
種　1
柔細胞　25, 48, 53
シュウ酸カルシウム　55
集晶　54, 55　[120, 123；Figs. 73, 74]
樹脂　11, 53
樹脂溝　48
樹脂道　31, 48, 50, 52, 53
樹脂道複合体　48, 52
数珠状末端壁　29, 36, 37　[86；Fig. 48]
傷害細胞間(樹脂)道　50, 51　[111；Figs. 68-70]
傷害樹脂道　48, 50
植物相　2
植物名　1
心材　3, 4
心材仮道管　11
　　　――の有機堆積物　11　[48；Figs. 9, 10]
心材色　3, 4
心材率　3
伸展トールス　16, 17, 18　[58；Figs. 19, 20]
針葉樹(材)　1

垂直細胞間(樹脂)道　48, 49, 50, 53　[109；Figs. 63-66]
水平細胞間(樹脂)道　50, 51, 52, 53　[110；Figs. 67, 68]
　　　――の直径　52　[115]
水平壁　38
　　放射柔細胞の――　38, 39　[85-88；Figs. 52, 53]
　　　　平滑　38　[87；Fig. 52]
　　　　壁孔をもつ　38　[88；Fig. 53]
水平末端壁　29
　　軸方向柔細胞の――　28, 29
　　　　数珠状　28, 29　[78；Figs. 35, 36]
　　　　不規則に肥厚　28, 29　[77；Fig. 34]
　　　　平滑　28, 29　[76；Fig. 33]
スギ型(分野壁孔)　41, 42　[94；Fig. 58]
ストランド仮道管　48

成熟材　5, 8, 12, 27
正常樹脂道　50
成長輪　4, 6, 50
成長輪界　6, 27　[40-43；Figs. 1-4]
　　不明瞭/欠如　6, 7　[41；Fig. 2]
　　明瞭　6, 7　[40；Fig. 1]
絶滅危惧種　1
繊維長　12

早材　6, 8, 9, 22, 41
早材から晩材への(早晩材の)移行　7, 8, 27　[42, 43；Figs. 1, 3, 4]
早成樹　3
属　1

タ
単維管束亜属　8
単壁孔　25, 29

着色心材　3, 4
柱晶　55, 56　[121, 124；Fig. 75]
地理的区分　1, 2
チロソイド　53

トールス　15, 16, 17, 18　[Figs. 15-20]
　　円盤状　15　[56；Fig. 15]
　　凸レンズ状　15
　　ホタテガイ状　16, 17　[57；Fig. 17]
トウヒ型の壁孔縁　35　[84；Figs. 43, 44]
トウヒ型(分野壁孔)　40, 41　[92；Fig. 56]

ナ
内腔径　14
生材　3
軟松(類)　8, 14, 33, 55
ナンヨウスギ型(分野壁孔)　41, 42, 43　[95；Fig. 59]

匂い　4, 5
二重染色　16
二重壁　14

根材　5, 12

ハ
晩材　6, 8, 14, 22, 27

菱形結晶　54, 55　[119, 122；Figs. 71, 72]
ヒノキ型(分野壁孔)　41, 42　[93；Fig. 57]
日よけ壁孔　24
漂白　12, 39

腐朽材　16, 25
複維管束亜属　8
複屈折性　11, 55
副細胞　25, 48
物理的特性　3
フロコソイド　11
分野　41
分野壁孔　40, 41, 42　[90-100；Figs. 54-59]
　　壁孔の数　44
　　スギ型　41, 42　[94；Fig. 58]
　　中間的な――　43
　　トウヒ型　40, 41　[92；Fig. 56]
　　ナンヨウスギ型　41, 42, 43　[95；Fig. 59]
　　ヒノキ型　41, 42　[93；Fig. 57]
　　マツ型　40, 41　[91；Fig. 55]
　　窓状　40, 41　[90；Fig. 54]

壁孔　9, 15, 16, 29, 38
　　——の閉塞　16
壁孔縁　17, 18, 41, 43
　　切れ込み　17, 18
　　放射仮道管の——　34, 35　[84, 85 ; Figs. 43-45]
壁孔口　34
壁孔膜　15, 18
辺材　3, 4
辺材色　4

放射仮道管　21, 30, 31, 32, 33, 34, 35
　　——の細胞壁　32, 33
　　　網状　32, 33　[83 ; Fig. 42]
　　　鋸歯状　32, 33　[82 ; Figs. 40, 41]
　　　平滑　32, 33　[81 ; Fig. 39]
　　——の壁孔縁(有縁壁孔)　34, 35
　　　カラマツ型　35　[Fig. 45]
　　　トウヒ型　35　[84 ; Figs. 43, 44]
　　——の末端壁　30
　　——のらせん肥厚　21　[69, 70 ; Fig. 26]
放射柔細胞　36, 37, 38
　　——の水平壁　38, 39
　　　平滑　38　[87 ; Fig. 52]
　　　壁孔をもつ　38　[88 ; Fig. 53]
　　——の末端壁　36, 37, 38, 39　[Figs. 46-51]
　　　数珠状　36, 37, 38　[86 ; Fig. 47]
　　　平滑　36, 37　[85 ; Fig. 46]
放射細胞間(樹脂)道　48, 50, 51, 52, 53　[110 ; Figs. 67, 68]
　　——の直径　52　[115]
放射組織　30, 31, 41, 45, 46, 47
　　——の縁辺(部)　31, 41, 43, 55
　　——の縁辺細胞(列)　31, 41
　　——の大きさ　45, 46　[102-108 ; Figs. 60-62]
　　——の構成　30　[79, 80 ; Figs. 37, 38]
　　——の高さ　45, 47　[102-105 ; Figs. 60, 61]
　　——の幅　47　[107, 108 ; Fig. 62]
放射組織細胞　39
紡錘形始原細胞　25
紡錘形柔組織　25
紡錘形放射組織　45, 47, 50
　　——の高さ　47　[106]
　　——の単列部　47
紡錘状結晶　55
包埋　16

マ

末端壁　25, 29, 36, 37
　　軸方向柔細胞の——　28, 29　[Figs. 33-36]
　　　数珠状　28, 29　[78 ; Figs. 35, 36]
　　　不規則に肥厚　28, 29　[77 ; Fig. 34]
　　　平滑　28, 29　[76 ; Fig. 33]
　　放射仮道管の——　30
　　放射柔細胞の——　36, 37, 38, 39

　　　数珠状　36, 37　[86 ; Fig. 47]
　　　平滑　36, 37　[85 ; Fig. 46]
マツ型(分野壁孔)　41　[91 ; Fig. 55]
窓状(分野壁孔)　41　[90 ; Fig. 54]
マルゴ　16, 15, 18

幹材　12, 22
水食い材　3
未成熟材　5, 12, 27, 29
密度　5

無機含有物　55

命名者　1
命名法　1

木材腐朽菌　20

ヤ

有縁壁孔　15, 16, 30, 35
有機堆積物　11　[48 ; Figs. 9, 10]
　　心材仮道管の——　11
有機物結晶　55

容積密度　5

ラ

らせん状裂け目　4, 13, 15, 20
らせん肥厚　20, 21, 22, 23, 32
　　軸方向仮道管の——　21, 22　[61 ; Figs. 23-25]
　　　間隔　21, 22　[65-68 ; Figs. 23, 24]
　　　存在部位　22
　　　単独/集合　21, 22　[65-68 ; Figs. 23-25]
　　放射仮道管の——　21, 23　[69 ; Fig. 26]

立方晶　56　[121, 124 ; Fig. 76]
輪内孔口　43

監　　　修（*印は監修代表）

伊東　隆夫*（いとう　たかお）
　　京都大学名誉教授
　　E-mail : titoh@rish.kyoto-u.ac.jp

藤井　智之*（ふじい　ともゆき）
　　(独)森林総合研究所
　　E-mail : tfujii@ffpri.affrc.go.jp

佐野　雄三（さの　ゆうぞう）
　　北海道大学大学院農学研究院
　　E-mail : pirika@for.agr.hokudai.ac.jp

安部　久（あべ　ひさし）
　　(独)森林総合研究所
　　E-mail : abeq@affrc.go.jp

内海　泰弘（うつみ　やすひろ）
　　九州大学大学院農学研究院
　　E-mail : utsumi@forest.kyushu-u.ac.jp

英文タイトル
IAWA List of Microscopic Features
for Softwood Identification

針葉樹材の識別
IAWAによる光学顕微鏡的特徴リスト

発　行　日	2006年8月8日　初版第1刷
定　　　価	カバーに表示してあります
編　　　集	IAWA(国際木材解剖学者連合)委員会
日本語版監修	日本木材学会 組織と材質研究会
	伊　東　隆　夫
	藤　井　智　之
	佐　野　雄　三
	安　部　　　久
	内　海　泰　弘
発　行　者	宮　内　　　久

海青社　Kaiseisha Press
〒520-0112　大津市日吉台2丁目16-4
Tel. (077)577-2677　Fax. (077)577-2688
http://www.kaiseisha-press.ne.jp
郵便振替　01090-1-17991

● Copyright © 2004　IAWA Journal 25(1) : 1-70　● ISBN 4-86099-222-9 C3040
● 乱丁落丁はお取り替えいたします　● Printed in JAPAN